水生态资产负债表
编制研究及应用

刘　彬　姚怀献　谷媛媛　著

黄河水利出版社
·郑州·

内容提要

本书以水生态系统服务评价为主线,从资产负债表的角度,通过界定水生态系统服务类型,明晰水生态资产内涵,提出水生态资产评价指标体系;结合企业会计准则和国民经济核算体系,明确水生态负债的概念、发生临界点和核算思路;并以国家资产负债表、水资源资产负债表和环境经济核算体系为参照,构建水生态资产负债表;最后选取邯郸市为案例区,进行邯郸市水生态资产负债表的编制。研究成果可为自然资源或其他生态资产负债表编制提供参考。

本书可供大中专学生和相关专业技术人员参考使用。

图书在版编目(CIP)数据

水生态资产负债表编制研究及应用/刘彬,姚怀献,
谷媛媛著.—郑州:黄河水利出版社,2022.6
ISBN 978-7-5509-3317-0

Ⅰ.①水…　Ⅱ.①刘…②姚…③谷…　Ⅲ.①水资源
管理-资金平衡表-编制-研究-邯郸　Ⅳ①TV213.4
②F231.1

中国版本图书馆 CIP 数据核字(2022)第 103839 号

组稿编辑:王志宽　　电话:0371-66024331　　E-mail:wangzhikuan83@126.com

出 版 社:黄河水利出版社　　　　　　　　　　　　　网址:www.yrcp.com
　　　　地址:河南省郑州市顺河路黄委会综合楼14层　邮政编码:450003
发行单位:黄河水利出版社
　　　　发行部电话:0371-66026940、66020550、66028024、66022620(传真)
　　　　E-mail:hhslcbs@126.com
承印单位:河南新华印刷集团有限公司
开本:787 mm×1 092 mm　1/16
印张:9
字数:208 千字
版次:2022 年 6 月第 1 版　　　　　　　　印次:2022 年 6 月第 1 次印刷

定价:75.00 元

前 言

淡水生态系统,简称水生态系统,是生态系统中最基础和最关键的组成部分。人类经济社会的进步和发展依存于水生态系统,但随着经济社会的快速发展和人类改造自然能力的提高,人们在追求经济利益最大化的过程中,对水资源的过量取用、对水产品的过量捕捞,以及向天然水体过度排放污染物等行为,对水生态系统的自我修复和维持产生了不利影响。随之而来的水生态系统退化对人类福利和经济发展造成的冲击日益加剧。单纯的以 GDP 为考核指标的国民经济统计体系越来越不能全面反映人类经济社会活动所获得的真实收益,将资源消耗、环境损害、生态效益纳入经济社会发展评价体系中,已势在必行。水生态资产核算是评估水生态效益的基本前提,是将水生态效益纳入经济社会发展评价体系、完善发展成果考核评价体系与政绩考核制度的重要支撑。本书针对水生态资产核算中资产负债表的编制进行探索,在梳理了水生态资产负债表编制中涉及的基础理论与方法的基础上,完成了以下方面的研究工作:

(1)通过对资产、自然资源资产和生态资产概念与内涵进行系统解析,归纳了各类资产的一般属性,即"有权属"和"收益性"。以此为基础,提出水生态资产的基本含义为,所有者通过拥有和控制水生态资源及其环境而获得水生态服务的价值。同时与水生态系统服务类型相一致,共划分为供给服务、调节服务和文化服务 3 个大类及其 15 个亚类,从而为深入研究水生态资产奠定了基础。

(2)将环境作为与经济体并列的虚拟主体引入水生态资产核算中,构建了关于经济体与环境的债权债务关系,反映水生态资产的负债项的客观存在,体现一般负债应包括债权方和债务方的基本属性。通过对水生态系统压力-状态-服务相互关系的详细阐述,将水生态负债定义为:经济体对水生态系统的过度开发利用而引起的水生态系统状态所发生的与原有平衡状态方向相反的位移,进而造成水生态系统服务水平的降低。因此,在详细阐述水生态负债形成机制的基础上,将人类社会的经济体对水生态系统的过度开发利用造成的影响作为水生态负债发生认定的标准。

(3)深入探讨了水生态资产负债表中资产和负债项关于功能量和经济价值量的核算方法。将核算主体从生态系统服务中单一对人类经济体的核算拓展到整个生态系统,既包括了经济体,也包括了环境。水生态资产项核算主体分为经济体和环境,而负债项核算只针对经济体,环境没有负债项。经济价值量的核算以功能量核算为基础,借助生态系统服务价值评估方法,将功能量转化为经济价值量。

(4)分析了国家资产负债表、水资源资产负债表、环境经济核算(SEEA)不同的核算思路,以及相应资产负债表的异同,以此为基础,确定了水生态资产负债表应遵循恒等式、记账规则和应计制,构建了水生态资产负债表表式。

(5)以河北省邯郸市为例,基于 2014 年和 2015 年的相关信息,编制了邯郸市以 2014 年和 2015 年为核算期的水生态资产负债表。其中,水生态资产项包括供给服务、调节服务和文化服务三大类,供给服务又细分为供水、水力发电、淡水产品3类服务;调节服务划分为水源涵养、固碳释氧、洪水调节、水质净化、气候调节、维持种群栖息地6类服务;文化服务仅含有旅游服务。水生态负债项包括过量取水、污染物过度排放、过度捕捞及水面转变为陆面共4类,并设定了相应的临界值。结果表明:邯郸市2015年水生态资产总价值量为256.76亿元,相较于2014年的286.42亿元降低了10.36%;邯郸市2014年和2015年水生态资产负债率分别为4.5%和3.8%,2015年形成的负债量9.64亿元比2014年的12.97亿元下降了25.67%;邯郸市2015年水生态资产净资产247.11亿元比2014年的273.45亿元减少了9.6%。

本书对水生态资产负债表编制的研究,是水生态资产核算的重要内容。该表不仅从纵向上体现了水生态资产被人类经济体使用、消耗过程中水生态资产在不同核算期间的变化,也从横向上反映了核算期内人类对水生态系统的不合理利用程度。将人类对水生态系统的不合理开发利用纳入核算体系中,可全面、完整、合理地进行水生态系统的综合核算,为评价人类活动与水生态系统的关系、掌握和调整经济社会发展方向提供依据。水生态资产负债表是把资源消耗、环境损害、生态效益纳入经济社会发展评价体系的切入点和突破口,是完善政绩考核制度与生态补偿制度的科学依据,也是自然资源资产负债表的补充和完善,可为国家自然资源资产负债表编制提供参考。

本书共分6章,其中第1~4章由刘彬撰写;第5章和第6章由刘彬、姚怀献、谷媛媛撰写。同时感谢河北工程大学徐丹老师、李苏博士在数据收集、资料处理及书稿写作过程中的大力帮助。

水生态资产负债表是运用资产负债表的形式来反映人类经济活动对水生态资产存量及其变化情况影响的重要工具,既是对自然资源资产负债表的拓展,也是进行水生态系统服务核算的创新性手段。本书针对水生态系统服务核算提出了水生态资产负债表编制研究方法,取得了一定的成果,但由于该领域概念新、内容广、多学科交叉特征明显,限于作者水平和时间限制,书中难免存在不足乃至谬误之处,敬请读者批评指正。

作　者

2022年4月

目　录

第 1 章 绪 论

1.1 研究背景、目的及意义

1.1.1 研究背景

生态系统是人类赖以生存的物质和环境支撑,为人类的生存和发展提供了多种多样不可或缺的产品和服务。天然生态系统依靠自身调节能力维持系统趋向于达到一种稳态或平衡状态。人类作为生态系统的一部分,存在并活动于生态系统中,并随着生产力的发展通过改造自然影响着生态系统。最初由于人类自身能力和科技水平所限,人类主要依靠天然生态系统提供生存和发展所必须的基本物质需求和服务。而随着科技的进步,人类改造自然的能力大幅度提高,尤其是近几十年来,为了满足快速增长的食物、淡水、原材料及能源需求,人类对生态系统的改造规模和速度远远超出了历史上的任何时期,在创造了比以往所有时期都要巨大的经济财富的同时,也造成了生态系统的退化和生物多样性的丧失,严重制约了人类福祉的提高和社会经济的可持续发展。

水,作为生态系统中最活跃的要素,孕育生命,滋润万物。生态系统因水而生,依水而存。水塑造了多种多样、千姿百态的生态系统,水量的多少直接决定了区域生态系统的类型。水同样为人类社会的生存和发展提供了物质基础和环境保障。在古代,人类对于水流没有能力加以控制,只能顺其自然加以利用,人们逐水而居、依水而生,缓慢地发展着人类文明,这一阶段人类对水生态环境影响较轻微。之后人们掌握了凿井汲水、引水灌溉、借水行舟等水资源开发利用方式,在一定程度上通过改变天然水生态系统使其更符合自身的利益需求,但所涉及的范围也十分有限,这一阶段人类对水生态环境的影响并不显著。到了现代社会,随着科技的进步和人类改造自然能力的大幅度提升,人们有能力大规模地开发利用水资源,可以按照自身的需求改造水生态系统来实现社会利益和经济利益的最大化,但过度开发利用水资源导致了河道断流、水污染加重、地下水位持续下降等一系列水生态问题。

人类和生态系统存在密不可分的关系。生态系统对人类社会的实际价值,往往由于其在市场中没有完全反映而被忽略或低估。生态系统服务概念的提出架起了定量分析人类社会和生态系统之间关系的桥梁。通过分析人们从生态系统获得的好处,或生态系统对人类福祉的直接和间接贡献,可以确定生态系统对于人类的真实价值。从 1997 年 Costanza 对全球生态系统服务评估,到 2001 年 6 月联合国启动的千年生态系统评估项目(MA)(开展对生态系统与人类福祉多尺度综合评估的研究)以及同时期中国政府启动的中国西部生态系统综合评估(MAWEC)项目(对中国西部生态系统及其服务功能的现状、演变规律和未来情景进行全面的评估),再到 TEEB(2010)对生物多样性和生态系统服务的价值研究以及中国科学院欧阳志云等（2016）近期开展的"生态系统生产总值（GEP）"评估,使生态系统的价值可见,受到了全球学者和政府的极大关注。在全球范围内,生态系统退化对人类福利和经济发展造成的冲击正日益加剧,但当前对生态系统服务的评估研究主要体现在不同评估期生态系统服务的变化上,即纵向变化上,而对于评估期间横向比较,即人类对生态系统的欠账如何,研究成果却鲜有所闻。

中国政府高度重视经济建设发展水平与生态建设的同步,中共十八届三中全会《中共中央关于全面深化改革若干重大问题的决定》提出探索编制自然资源资产负债表的任务,旨在把资源消耗、环境损害、生态效益纳入经济社会发展评价体系,建立有利于促进绿色低碳循环发展的国民经济核算体系,建立体现自然资源生态环境价值的资源环境统计制度。为此,国家统计局会同多个部门正积极探索编制国家自然资源资产负债表。水利部也及时启动了"水资源资产评价与探索编制水资源资产负债表"的试点工作。2015年发布的《中共中央 国务院关于加快推进生态文明建设的意见》中再次强调了"强化指标约束,不唯经济增长论英雄"。这些共同体现了中国政府努力推进建设国家治理体系和提高治理能力的决心和智慧。

水生态资产核算是评估水生态效益的基本前提,是将水生态效益纳入经济社会发展评价体系、完善发展成果考核评价体系与政绩考核制度的重要支撑。探索编制水生态资产负债表,将水资源耗减、水环境破坏、水生态退化等负效益纳入评价体系,建立体现生态环境价值的水生态资产核算体系,对把握经济体对水生态资产的使用、消耗、增值等活动的情况,全面认识水生态系统对人类社会的贡献,是一个值得研究的重要课题。

1.1.2　研究目的

我国探索编制自然资源资产负债表正方兴未艾。但自然资源作为生态系统的一部分,仅编制自然资源资产负债表并不能全面反映资源的消耗对环境损害和生态退化的影响。本书从生态系统整体的角度,以生态系统服务评价理论为基础,对生态系统中最为重要、最为关键的组成部分——水生态系统进行了讨论。水生态资产是水生态系统得以量化评估的基本要素,本书尝试以水生态资产核算中水生态资产负债表的编制为切入点,详细讨论了水生态资产被人类经济体使用、消耗过程中,水生态资产的变化,并通过对水生态资产负债形成机制的分析,给出水生态资产负债核算方法,努力将人类对水生态系统的不合理开发利用纳入水生态资产核算中。研究成果可为自然资源或其他生态资产负债表编制提供参考。

1.1.3　研究意义

本书以水生态系统资产为核心,借助水生态系统服务评价理论和方法,建立水生态资产评估体系;同时在确定水生态系统压力形成基础上,明确水生态负债形成机制;结合国家资产负债表的表式结构,参照环境经济核算体系,构建水生态资产负债表。研究主要有以下几个方面的意义。

1.1.3.1　满足国家生态文明建设需要

根据国家生态文明建设需要,建立体现资源消耗、环境损害、生态退化的科学评价体系是我国经济社会评价制度所面对的重要任务。水资源依据其独有的可再生性、随机性和流动性的特点,在面对水的再生能力降低、水环境遭到破坏、水生态状况恶化等一系列问题,如何体现经济社会发展与水资源利用的关系,有效评估人类经济活动对水生态的影响,是水生态文明建设的重大需求。

1.1.3.2　为水生态资产核算提供理论方法

水生态资产是自然资源资产的重要组成部分,是能够为人类提供生态产品和服务的自然资产。水生态资产核算主要以生态系统服务评价为基础。然而,对生态系统服务定义及量化方法缺少统一的认识,导致了对水生态系统服务的定义及有效评估方法缺少明确概念,水生态资产核算还处于探索阶段。本书在对比分析多种不同生态系统服务的定义及评估方法的基础上,明确了水生态系统服务的定义和范围,确定了水生态资产的具体分类,根据各类水生态产品与服务功能量,依据实际市场法、替代市场法、模拟市场法,核算区域水生态资产价值量,为水生态资产核算提供理论技术支撑。

1.1.3.3　为国家(地区)资产负债表编制提供依据

传统的国民经济核算以 GDP 为指标来综合衡量国家或地区的经济发展程度和发展速度,是政府调控经济、制订经济社会政策的重要依据。但过分注重 GDP 的增长,只算经济账,不算生态平衡破坏账,只算粗放开发账,不算资源节约账,其结果是资源紧缺、环境污染、人类与自然之间的和谐关系被破坏,人类可持续发展的基础受到动摇。研究水生态资产负债表是对传统的国民经济核算体系缺陷的重大改进、补充和完善,可有力支撑自然资源资产负债表的编制,并为编制国家(地区)资产负债表提供依据。

1.1.3.4　为水生态系统保护和治理提供支撑

水生态资产负债表是基于生态学、经济学、管理学、水资源学等学科的综合性前沿研究领域,是把资源消耗、环境损害、生态退化纳入经济社会发展评价体系的切入点和突破口。水生态资产负债表不仅可以明确水生态系统所提供的产品和服务在经济社会发展中的支撑作用,也可以量化人类经济活动对水生态系统所产生的反作用,进而为水生态系统保护和治理提供理论支撑。

1.2　国内外研究现状

1.2.1　生态系统

现在广泛使用的术语“生态系统”已经有相当长的历史,并且在不同的时期,其含义也不断充实。生态系统一词由 Tansley 于 1935 年在其著名的关于植物概念和术语论文中首次使用。他认为生物体不能与生物群落的环境-生境因素相分离而形成一个独立系统。虽然生物体被认为是这些体系中最重要的部分,但是无机的因素也是一个重要组成部分,每个体系中不同种类的物质不仅在生物之间,而且在有机和无机之间不停的交换。生态系统为生物群落与其所处环境中所有有效无机因素形成的统一体,是一个可识别的独立实体。1942 年,Lindeman 在《生态学中的营养动力论》中将生态系统的内涵向前迈进了一大步,其认为生态系统中能量与物质在不同的营养级之间存在定量关系,生态系统是在不同规模时空内活动的物理-化学-生物过程所组成的系统。1953 年，Odum 在《生态学基础》一书中提出生态系统是生态学中的基本单位，并将生态系统分为非生物环境、生产者、消费者和分解者。20 世纪 60 年代以后，有关生态系统概念和使用生态系统这一术语的文献大量涌现，为理解具有高度组织性的自然系统提供了有效基础。普通生态学认为，生态系统是指在一定空间内，有机体及其物理和化学环境，持续通过物质循环和能量流动，进而形成相互作用、相互依存的一个生态学单元。现代生态学将生态系统简单概括为生命系统和环境系统在特定空间的组合。生态系统强调的是系统中各组成要素的相互作用和相互依存，是一个开放系统。其中一个主要的发展是系统生态学，它的关注点集中在系统整体的结构和功能，而不是单一物种的结构和功能。Odum(1964)认为生态系统是生态学家研究的基本单位，应采用整体而非简化的方法进行研究，并强调了生态系统的功能属性。他给出了生态能量是生态系统分析的核心这一结论。Patten(1966)和 Van Dyne(1966)基于生态系统概念，对系统生态学做了更进一步的研究，他们认为系统生态学是对生态系统的发展、动态和破坏的研究。随着应用数学和计算机在系统分析中的应用，生态学逐步从"软"科学到"硬"科学转变。大量的模型用于部分和过程细节的模拟，使用微分方程的动态模型在分析生态系统时特别适用。生态系统研究从描述性转变为预测性研究。系统理论、控制理论和模拟模型都有助于阐明关键节点处物质和能量的变化，并对难以测量的通量进行估算。但对于全球性问题，迫切需要一个包含分析和综合方法的生态系统理论。

随着生态系统研究的不断深入和发展，国内外对生物多样性评估、生态风险评价与生态安全评价、全球气候变化影响下的生态响应、生态系统服务等方面进行了大量研究。生物多样性作为人类社会发展的物质基础，其损害、退化、丧失直接影响了人类社会福祉和应对环境变化的能力，生物多样性的保护已成为国际社会最关注的问题之一。1992 年，由绝大多数国家签署的联合国《生物多样性公约》标志着最大限度地保护地球上多种多样的生物资源行动的开始。而对生物多样性进行科学合理的评估对于实现生物资源的保护和人类可持续发展具有重要的作用。生物多样性评估主要包括指标评估、模型模拟和情景分析三种方法，分别从生物指标变化趋势、变化原因、对应措施上对生物多样性进行了分析。同时，全球范围内启动了众多与生物多样性相关的评价项目，为及时掌握全球范围内或不同区域生物多样性现状、变化趋势和威胁要素发挥了积极的作用。

生态风险评价与生态安全评价是从正反两方向对生态系统的状况进行分析评估，生态风险评价偏重细节分析，而生态安全评价注重从整体分析。由于对生态风险评价认识的不一致，生态风险评价在不同国家所采用的步骤和模型不尽相同。生态风险评价从以自然环境为对象的简单评价，到以生态系统及其组分为生态受体的综合评价，再到整个区域生态风险评价，评价对象、评价范围、评价深度都得到了极大拓展。由于生态风险评价暂时还没有统一的标准，评价方法众多，单一风险源评价主要分为数理统计方法、物理方法、计算机模拟法和数学模型法，区域生态风险评价主要包括 PETAR 方法、相对生态风险评价模型、景观生态模型和数字地面模型等。目前，生态风险评价定量方法、评价标准确立、评价指标体系构建等得到了学者的广泛关注，而在风险形成与识别、多风险源生态效应分析上还需积极探索。

生态安全评价是生态安全的核心,众多学者从微观和宏观两个方面开展了研究工作。微观上主要集中于基因生物工程生态风险、化学物质对环境污染和生态风险、污染物对生态系统健康影响等。宏观上重点关注了生态系统健康及管理规划方面的研究。在评价方法上,国际上主要是基于生态模型的个体和种群多尺度下的生态系统安全评价,而国内主要是基于压力—状态—响应的数学模型对不同尺度和不同属性下评价指标分析评价,如层次分析法、灰色关联法、主成分投影法、模糊综合法等。

全球气候变化下生态系统的响应是气候变化研究中的核心内容之一。由于全球气候变化的复杂性,其与生态系统的响应是多层次、多尺度、全方位的,并且气候变化与生态响应是双向的。在全球气温普遍升高这一不争的事实背景下,国内外大量学者从区域到全球尺度上对 CO_2 浓度升高与 C 固定、N 循环关系、生物多样性、生态脆弱性等方面做了大量研究。对一些重点生态系统类型,如森林生态系统、草地生态系统、湿地生态系统,则给予了重点关注。另外,农业生态系统、河口生态系统、冰川冻土区等也得到了一定的关注。而在生态系统变化对气候的影响方面,由于涉及要素较多,目前的研究主要集中在人类活动影响下的气候变化方面。如土地利用变化对气候的影响,草地开垦为农田后对温室效应的影响,农田管理尤其是灌溉对气候的影响等。

生态系统服务是生态学研究的热点和前沿。近年来在围绕生态系统服务概念、分类、价值量评估方面,正在向生态系统服务产生机制、生态系统服务与生物多样性关系、生态系统服务的尺度效应、生态系统服务评价等方向发展。然而,由于生态系统服务定义及评价方法仍缺少统一的标准,生态系统服务物质量和价值量评价缺乏可信度,限制了决策者对其的采用。

1.2.2　生态系统服务

对自然资源利用的有限性和可持续性的关注已成为众多研究的焦点。而其中作为反映人类社会和自然生态系统关系的生态系统服务研究,与其有关的科学出版物大幅增加,清楚地表明了人类迫切需要更好的理解、评估和衡量生态系统服务,并指出生态系统退化如何干扰自然资源的可持续性和人类福祉。20 世纪 60 年代,King(1966)和 Helliwell(1969)首次提出"自然利益"这一概念,之后大量学者对生态系统内部如何维持能量流动和营养循环产生了浓厚兴趣。Ehrlich P 和 Ehrlich A(1981)首次使用了"生态系统服务"这一词汇。然而,直到 20 世纪 90 年代,这个概念才引起了经济学家的注意,经济学家开始从事研究如何估算生态系统服务的货币价值。由于对生态系统服务定义和服务类型分类不一致,生态系统如何提供服务并量化成为最大的悬而未决的问题之一。

生态系统服务的定义有很多,相应的生态系统服务分类也众多。Daily(1997)给出生态系统服务定义为生态系统与生态过程所形成及维持的人类赖以生存的自然环境条件与效用,并将生态系统服务分为生产投入、维持动植物生命和提供存在价值及选择价值。Costanza(1997)对生态系统服务的定义是人类直接或间接从生态系统功能中获得的收益。他没有对生态系统服务进行总的分类,只是简单地列举为主要的 17 类服务。千年生态系统评估项目(MA2005)指出生态系统服务是人类从生态系统获得的收益,包括生态系统对人类可以产生直接影响的供给、调节和文化服务,以及对维持生态系统的其他功能具有重要作用的支持服务,共4类服务。Boyd和Banzhaf(2007)定义生态系统服务为自然界中直接用于享受、消费或产生人类福祉的组成要素。这个定义主张从环境会计的角度对自然对人类福利的贡献进行务实的分类,并认为生态系统服务是自然界的最终产品,应将其与中间产品和收益区分开来。Wallace(2007)对生态系统服务的定义与MA基本一致,但他认为在评估中只应考虑最终服务。他将生态系统服务划分为流程、生态系统服务或终端服务(价值)和收益三个分类。Fisher等(2009)将生态系统服务定义为生态系统中被用于(主动或被动)创造人类福祉的方面。基于此,生态系统服务划分为非生物投入、中间服务、最终服务及收益4个类别。TEEB(2010)对生态系统服务的定义基本上遵循了MA的定义,不同之处在于它在服务和利益之间进行了更好的区分,并明确承认服务可以以多种间接方式造福于人类。他认为生态系统服务是生态系统对人类直接或间接的贡献,并将服务划分为供给服务、调节服务、栖息地服务和文化及娱乐服务。纵观多种生态系统服务定义及分类方法,由于MA(2005)和TEEB(2010)对生态系统服务价值评估研究所产生的广泛影响,该定义和分类方法得到了人们的广泛认可和接受。

在生态系统服务内涵、分类、类型识别研究的基础上,大量学者围绕生态系统服务物质量及价值量的评估,分别从全球尺度、洲际尺度、区域尺度、单一生态类型等方面开展了广泛的研究和实践。在全球尺度上最有代表性的如Costanza等分别在1997年和2014年以1995年和2011年为基准年对全球生态系统服务价值进行的评估。两次评估结果表明,由于土地利用类型的改变,全球生态系统服务年均损失4.3万亿~20.2万亿美元。MA(2005)开展了全球尺度生态系统与人类福祉研究,TEEB(2010)所关注了因生物多样性持续受损及生态系统退化而造成重大的全球及本地经济遭受损失及人类福祉受到影响。洲际尺度上欧盟所做的工作最引人瞩目,如OpenNESS(2015)不仅对生态系统服务评估的概念和方法的一般定义进行了研究,而且通过实际案例来验证评估方法的可行性。其将自然资本和生态系统服务的概念转化为可操作的框架,为将生态系统服务融入土地、水和城市管理及决策提供经过验证的、实用的和量身定制的解决方案。MAES(2016)为欧盟实施生态系统服务提出了一个分析评估框架,并在森林生态系统、农田和草地生态系统、淡水和海洋生态系统的试点研究中进行了测试。区域尺度上生态系统服务价值评估的研究在国际和国内都有众多学者涉足,如Comino等(2014)通过空间多标准分析探索了流域生态系统服务的环境价值,并以意大利都灵省的佩里斯河为例,进行了生态服务价值评价。欧阳志云等(2013)以生态系统生产总值核算为核心,将生态系统服务价值分为生产系统产品价值、生态调节服务价值和生态文化服务价值,并对贵州省2010年全省生态系统服务价值进行了评估。评估结果证明贵州省当年生态系统生产总值是国民生产总值的4.3倍。谢高地(2015)等以扩展的劳动价值论为原理,对中国2010年6大类14小类生态系统提供的11种生态系统服务类型进行了核算,结果表明该年中国生态系统服务总价值与GDP基本接近。单一生态系统价值评估是目前研究最多的领域,由于单一生态系统内容简单、干扰较少、重复计算内容易识别,并且也是其他尺度生态系统的基础,国内外学者对单一生态系统价值评估进行了大量研究。在森林生态系统服务价值研究方面,如Fujii等(2017)利用日本2000年、2007年和2012年47个县的数据集,对影响森林生态系统服务价值变化的驱动因素进行了研究。结果表明,森林生态系统服务价值随2000~

2007 年森林面积的扩大而增加,但与森林管理和单位面积生态系统服务价值有关的因素分别造成了 2000~2007 年以及 2007~2012 年期间生态系统服务价值的下降。赵同谦等(2004)在将我国森林生态系统服务划分为 13 小类的基础上,对其中 10 项服务类型以 2000 年为基准年进行了价值评估,我国森林生态系统服务总生态价值为 14 062.06 亿元,相当于我国当年国内生产总值的 15.7%。对于湿地生态系统服务价值评估,如 Seidl 等(2000)参考 Costanza 等提出的方法,对巴西热带季节性湿地 Pantanal 进行了生态系统服务价值评估,估算出该区域年生态服务价值为 156.44 亿美元。谢高地等(2003)利用中国陆地生态系统单位面积生态服务价值表,并通过生物量等因子的校正,估算出青藏高原湿地生态系统服务价值约为 184.7 亿元。此外,对珊瑚礁、城市、河口海岸、草地等其他生态系统服务价值评估也开展了一系列研究。

另外,在关于生物多样性与生态系统服务的关系上,从 Pimentel 等(1997)简单对比研究美国和全球生物多样性,到 Balvanera 等(2006)通过分析 2004 年以前 50 年的案例研究,确认生物多样性对绝大多数生态系统服务有积极影响,再到联合国千年生态系统评估中对全球尺度和 33 个区域尺度上生态系统变化对生态系统服务及人类福祉的影响研究,发展到 2010 年联合国提出生态系统服务价值评估和生物多样性框架,国内外学者均开展了大量研究。但由于生态系统本身的复杂性和交叉性,以及生物多样性的普遍性,生物多样性与生态系统服务的关系仍存在认识上的不统一,致使生态系统服务价值评估数值存在巨大差异。

生态系统服务评估是估算生态系统对人类贡献大小的重要手段。其评估内容主要包括经济价值评估、生态评估、社会文化经济评估、道德评估等。尽管生态系统服务经济价值评估存在争议,但仍是当前生态系统服务评估中最优先考虑的方法。生态系统服务经济价值评估方法主要包括市场价值法、剂量反应法、机会成本法、替代成本法、影子工程法、恢复和防护费用法、旅行费用法、人力资本法、享乐价格法、成果参照法、条件价值法等。不同生态系统服务经济价值评价方法均有自身的适用条件,并存在各自的优缺点。需要依据生态系统服务的功能机制,选择适合它的评价方法,某些生态系统服务评价可能需要和一些评价方法结合使用。

1.2.3　水生态系统服务

水生态系统是生态系统中最重要的组成部分,一般可分为淡水生态系统和海水生态系统。淡水生态系统又可细分为湖泊生态系统、河流生态系统、湿地生态系统。水生态系统服务作为生态系统服务中最重要,也是最根本的基础性服务,参与并维持了其他一切的生态系统服务。由于水生态系统服务与其他生态系统服务产生了众多的交叉和重叠,水生态系统服务内涵和所属边界不清,评价方法不完善。一开始,水生态系统服务的研究是伴随着生态系统服务研究而不断发展的。主要是在生态系统服务评价过程中,对涉水相关服务的考虑。如 Costanza 等(1997)在对全球生态系统服务价值进行评估时,也对全球供水、水调节相关服务进行了评估;MA(2005)开展的生态系统与人类福祉研究中,专门针对湿地生态系统进行了评估,并将湿地生态系统服务分为供给功能、调节功能、文化功能和支持功能 4 大类 17 小类;MARS(2015)在欧盟提供支持下,全面了解和量化压力对欧盟生态状况的影响及其对生态系统服务造成的影响,其对淡水生态系统(主要包括河流、湖泊、地下水和湿地)和海水生态系统(包括海洋入口和过渡水域、沿海水域、陆架海区和外海)分别在供给功能、调节功能、文化功能上进行了服务指标的细化。随着评价指标体系和评价方法的不断完善,针对河流、湖泊、湿地等不同水生态系统的服务展开了更加深入的研究。如胡新艳(2004)利用流溪河流域白云区段的土地数据,参考 Constanza 等所给出的全球单位公顷价值的平均估算结果,对流溪河流域白云区段生态系统服务价值进行评估;王欢等(2006)对香溪河 3 大类 10 小类河流生态系统服务进行了评价,并确定了该河段核心服务功能是水电开发和旅游;Guswa 等(2014)广泛讨论了与水相关的生态系统服务,讨论了与流域管理相关的水文模拟和生态系统服务之间的联系。Rebelo(2012)对南非 Kromme 河生态系统恢复对生态和水文的影响进行了评估。在欧洲,根据欧盟水框架指令(WFD)制定的流域管理计划(RBMP)将生态系统服务考虑进去,用于识别水系统的多功能性,使人们认清从自然界获得的利益,证明保护和恢复水生态的必要性和成本。皮红莉(2004)运用直接市场评价法、间接市场评价法和假设评价法等方法对洞庭湖湿地的生态服务功能进行了货币化定量评价。以此为基础,通过对不同类型水生态系统服务的协调、平衡和汇总,区域水生态系统服务评价水到渠成。欧阳志云等(2004)对我国陆地水生态系统中河流、水库、湖泊、沼泽四个类型,8 项间接服务(调蓄洪水、疏通河道、水资源蓄积、土壤持留、净化环境、固定碳、提供生境、休闲娱乐)进行了评价,结果表明间接服务价值是直接服务价值的 1.6 倍。叶延琼等(2013)将广州市水生态系统服务划分为 2 大类 8 小类,并对其价值进行了评价,评价结果表明广州市 2005~2010 年水生态系统服务以蓄水、水供给、旅游以及水产品提供为主,并且在年际间变化不大。杨文杰等(2017)以 2013 年为基准年,对新安江水生态系统 4 大类 15 小类服务功能及其生态经济价值进行了评价,结果显示该区域以旅游及相关服务为主。

　　水生态系统服务价值评价是定量评估人类直接或间接从水资源系统获得收益的重要工具。由于水生态系统服务对其他生态服务具有支撑作用,将其严格区分为供给服务、调节服务、文化服务和支持服务是很困难的。水生态系统服务分类经常出现重叠现象,相应的水生态系统服务价值评估中也往往发生重复计算问题。为了避免水生态系统服务价值评估中的重复计算,Brauman 等(2007)基于产出将水生态系统服务分为河道外水供给服务、河道内水供给服务、水害削减服务、提供与水相关文化服务以及与水相关支持服务,但在与水相关支持服务评估上仍然有很大的争议。如何准确评估水生态系统服务价值是国际水生态系统服务价值评估的研究热点问题。

1.2.4　自然资源资产负债表

　　资产负债表是一种广泛应用于财务管理、金融分析以及经济运行情况分析的核算工具。按照 SNA2008 的定义:资产负债表是在某一特定时点编制的、记录一个机构单位或一组机构单位所拥有的资产价值和承担的负债价值的报表,可以针对机构单位、机构部门或经济总体编制,用以反映一个核算期内期初到期末的存量变化情况。严格意义上讲,目前尚没有真正的自然资源资产负债表或者其框架,对自然资源的核算只是从环境会计和环境核算方面进行的。如美国联邦政府会计准则委员会、美国国家环境保护局主要是从环境费用以及负债等方面的研究;澳大利亚统计局 1992 年发布了第 1 版环境主体报告,将能源、水以及其他自然资源纳入国家资产负债表,2014 年披露了该报告的进展、前景和研究重点;加拿大、英国、日本等国家也开展了环境核算的探索,将自然资源纳入资产负债表中。1992 年,我国著名会计学家葛家澍开始研究西方环境会计体系,随后大量学者广泛地加入进来。随着 SNA 体系的逐步完善,明确将资产负债表中的非金融非生产性资产确定为自然资源,并细分为土地、矿产与能源、非培育性生物资源、水资源与其他。凸显了联合国对自然资源与环境的重视,明确要将资源和环境要素纳入资产负债表中,绿色国民核算方兴未艾。

自然资源资产负债表是我国提出的一个新概念和新任务,目的在于将资源消耗、环境损害、生态退化纳入国民经济评价体系中,建立绿色国民经济核算体系。自然资源资产负债表从提出后,如何反映自然资源的负债和编制自然资源资产负债表引起了广泛的讨论。张友堂等(2014)以自然资源资产、负债和所有者权益为构成要素,编制了反映自然资源实物量和价值量的资产负债表。耿建新等(2014)通过对 SNA2008 国家资产负债表和 SEEA-2012 自然资源资产账户的分析,认为自然资源资产不存在负债项,自然资源资产负债表价值核算部分应该包含在国家资产负债表中,而实物量核算应以附注的形式披露于国家资产负债表之后。黄溶冰(2014)提出在编制自然资源资产负债表时,应循序渐进构建自然资源资产存量及其变化核算表、自然资源负债核算表以及自然资源资产负债表三张报表。杨睿宁和杨世忠(2015)根据"自然资源资产=自然资源负债+自然资源净资产"平衡关系和"四柱平衡",提出了自然资源资产负债表的表式结构设想。胡文龙和史丹(2015)借鉴 SEEA2012 的基本理念和核心原则,以 SNA2008 国家资产负债表为参照,构建了以资产、负债和净资产为会计要素的自然资源资产负债表。封志明等(2015)参考国家资产负债表表式结构,提出了反映自然资源资产、自然资源负债以及自然资源资产负债差额三项内容的自然资源资产负债表,其中自然资源负债表示资源耗减、环境损害与生态破坏。肖序等(2015)以自然资源"净资产=资产-负债"三大要素的确认与计量方法,提出了一套自然资源资产负债报表体系,包括自然资源资产实物核算表、自然资源资产价值核算表、自然资源质量表、自然资源资产负债总核算表等。操建华和孙若梅(2015)从"资产=负债+所有者权益"这一角度提出了自然资源资产负债表的构架、具体的构成科目以及每个科目的核算方法。高敏雪(2016)通过建立三层架构的自然资源核算体系,重点表述了基于开采权益资产负债表的编制,包含期初存量、当期变化量和期末存量,并且负债项代表经济活动使用自然资源超出可持续开采量之外的部分。总之,对于自然资源资产负债表的表式结构还没有统一的格式,但总体上应遵循"净资产=资产-负债"这一平衡关系得到共识。

1.2.5 水资源资产负债表

水资源资产负债表是在自然资源资产负债表的基础上,以水资源为对象而形成的对水资源耗减、水环境损害与水生态退化定量描述的一系列报表。由于自然资源资产负债表在债务债权关系、记账规则和表式结构等方面的不成熟,水资源资产负债表的编制虽在理论上和方法上取得了可喜的进展,但距离实际操作仍有一定差距。澳大利亚在水资源资产负债表的研究与实践为水资源资产负债表的编制提供了难得的参考。澳大利亚气象局实施的水会计准则针对水权益实体,以水资源实物量为媒介,应供而未供出的水量作为负债项,遵循"水资源资产=水资源负债+水资源净资产"恒等式,记录不同水权益实体在水资源收入、支出过程中产生的债务债权关系,鲜有的具有了水资产负债的特征。但该水资源负债表只是面向企业而编制,还不能从整体上反映一个地区或国家涉水活动与环境的关系。我国对水资源资产负债表的研究在进度上与自然资源资产负债表基本一致,大量学者从基本概念到表式结构进行了深入的探讨。甘泓等(2014)讨论了编制水资源资产负债表之前需解决的基础性和关键性问题。朱友干(2015)在借鉴企业会计准则和环境会计信息的基础上,遵循"资产=债权人权益(负债)+业主权益"恒等式,对水资源资产负债表的编制进行了探讨。水资源资产负债表中资产项分为存量资产、增量资产和公益性生物资产三项,负债分为流动负债和长期负债,所有者权益分为水资源权益、资本公积和综合治理收益三部分。陈燕丽等(2016)通过对负债表中资产、负债和净资产三要素的讨论,确定了水资源资产负债表编制需要同时反映流量与存量,并包括主表和子表、附注、重点报告四部分。柴雪蕊等(2016)在分析比较企业资产负债表、国家资产负债表和SEEA的基础上,遵循"期末存量=期初存量+当期变化"的平衡等式,以"三条红线"为"负债"的控制指标,探索编制了水资源资产负债表,其表式包括水量和水质两部分。张友棠和刘帅(2016)对澳大利亚水资源会计与水资源审计体系进行了辩证分析,以此为基础构建了水资源资产负债表表样结构。整张负债表遵循"资产=负债+所有者权益"恒等式,通过记录年初、年末水资源实物量和价值量来反映水量水质在统计期间的变化。贾玲等(2017)从经济学、会计学、统计学等学科角度充分论证了水资源资产、水资源负债等水资源资产负债表涉及概念,并引入环境作为虚拟主体界定了水资源负债发生的临界点。周普等(2017)设计了适于企业的水资源流量表、权益变动表和资产负债表一整套完整的表式结构。秦长海等(2017)在分析资产负债表基本概念和原理的基础上,提出了基于会计学的水权益实体水资源资产负债表和基于统计学的国家(地区)水资源资产负债表。总之,当前水资源资产负债表的研究还处于对负债表基本概念、核算原理、平衡关系、记账方式等的探究和摸索阶段,距离可实际操作的表式结构仍存在一定的差距。

综上所述,生态系统服务价值理论为水生态资产负债表表内项目的选择和定价方法提供直接依据,使水生态资产负债表的框架设计和计量具有了现实的可能性。而自然资源资产负债表和水资源资产负债表的研究和探索为水生态资产负债表的构建提供了借鉴和参考。由于生态系统服务和自然资源资产负债表均处于研究阶段,所涉及理论和方法仍处于摸索阶段,本书尝试以SNA2008国家资产负债表和SEEA2012环境经济核算标准为理论基础,结合生态系统服务价值评价和自然资源资产负债表、水资源资产负债表相关领域的最新研究成果,构建基于生态系统服务的水生态资产负债表。

1.3 研究内容与技术路线

1.3.1 研究内容

人类社会经济活动对水生态资产的无限制掠夺,必然引起水生态系统功能的退化和对水生态系统服务能力的损害,即造成水生态资产总量的降低,抑或形成水生态资产的"负债"。水生态资产负债是否存在、其与水生态资产相互关系、水生态资产负债形成条件如何反映等一系列问题,都是水生态资产负债表编制所需要解决的难题。本书以水生态系统服务评价为主线,从资产负债表的角度,通过界定水生态系统服务类型,明晰水生态资产内涵,提出水生态资产评价指标体系;结合企业会计准则和国民经济核算体系,明确水生态负债的概念、界定临界点和核算思路;同时以国家资产负债表、水资源资产负债表和环境经济核算体系为参照,设定水生态资产负债表应遵循恒等式、记账规则和应计制,构建水生态资产负债表;最后选取邯郸市为案例区,进行邯郸市水生态资产负债表的编制。主要包括以下四个方面的内容。

1.3.1.1 建立水生态资产评价指标体系

明确水生态资产概念和内涵,界定水生态资产范围,基于生态系统服务理念建立水生态资产评价指标体系,并分别对各水生态资产指标从生态功能量和生态经济价值量两个角度进行核算,最终形成水生态资产核算的理论和方法。

1.3.1.2 水生态负债形成机制和核算

参考经济学、会计学、统计学中资产负债形成基本理论,明晰水生态负债的概念;引入环境作为虚拟主体,以水生态资产功能量核算为基础,设定水生态资产负债发生临界点;结合水生态资产核算理论和方法,形成水生态资产负债类科目的核算方法。

1.3.1.3 构建水生态资产负债表

以国家资产负债表、水资源资产负债表和环境经济核算为切入点,比较资产负债表在统计核算、水资源核算和环境经济核算的核算思路,设定水生态资产负债表应遵循恒等式、记账规则和应计制,构建水生态资产负债表。

1.3.1.4 编制邯郸市水生态资产负债表

以河北省邯郸市为例,依据国民经济统计年鉴、经济统计数据、水利普查数据、水资源评价、水资源公报等基础数据,确定核算单位和核算期,编制邯郸市水生态资产负债表。

1.3.2 技术路线

本书参考水生态系统服务研究的最新进展,并结合国内外在自然资源资产负债表和水资源资产负债表的研究前沿,以水资源学、经济学、会计学、统计学、生态学等多学科理论为指导,以国家资产负债表和环境经济核算体系为参照,分别对水生态资产和负债分类及核算方法进行了研究,并根据资产负债表应遵循恒等式、记账规则和应计制,构建了水生态资产负债表,并以河北省邯郸市为例进行了实例分析。研究技术路线见图 1-1。

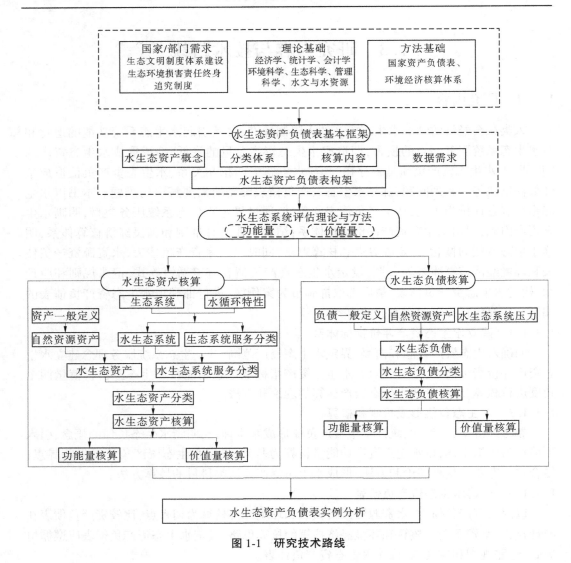

图 1-1　研究技术路线

1.4　拟解决的关键科学问题及创新点

1.4.1　拟解决的关键科学问题

本书拟重点解决以下 2 个关键科学问题。

1.4.1.1　水生态资产核算理论与方法

水生态资产核算的思路主要源于生态系统服务及其经济价值评估,一般从生态功能量和生态经济价值量两个角度核算。功能量核算以水生态系统服务功能机制为理论依据,其研究程度决定了功能量核算的可行性和准确性。但由于各单项水生态系统服务功能量量纲不同,无法进行加总,从而无法评价水生态系统的综合服务能力。以功能量核算为基础,通过确定水生态系统服务的价格,可以核算水生态系统总经济价值,进而评价水生态系统资产总值。当前,专门针对水生态资产核算理论与方法不是非常完善,本书在参考前人相关研究的基础上,结合资产基本概念和核算方法,提出水生态资产核算理论与方法。

1.4.1.2　水生态资产负债表的构建

基于会计核算的企业资产负债表和基于统计学的国家资产负债表已经相对成熟,并经受了大量的实践检验,证明了其正确性。本书在分析资产负债表在统计核算、环境经济核算和水资源资产核算的核算思路基础上,设定水生态资产负债表应遵循恒等式、记账规则和应计制,构建水生态资产负债表。

1.4.2　创新点

1.4.2.1　提出水生态资产的概念及分类

本书系统解析了资产、自然资源资产和生态资产的概念,归纳了各类资产的一般属性,并以此为基础,给出了水生态资产的定义。同时,明确了水生态资产分类与水生态系统服务分类的联系。由于缺少统一的生态系统服务定义和量化标准,水生态系统服务的分类也相应缺少统一的界定。本书依据生态系统所提供的供给服务、调节服务、文化服务和支持服务四大类服务,结合水资源的流动性、可再生性和随机性特点,对水生态系统服务分类进行界定,进而确定了水生态资产分类。

1.4.2.2　建立水生态资产负债表表式结构

资产负债表一开始作为记录财务状况的报表,广泛用于企业会计核算中。之后,资产负债表被用于国民经济核算体系。但遍览国内外,体现经济体与环境相关关系的自然资源资产负债表难觅踪迹。本书参考国家资产负债表和水资源资产负债表,结合环境经济核算体系,遵循统计核算思路下资产负债表的基本理论,建立了水生态资产负债表表式结构。

1.4.2.3　明确水生态负债形成机制

将自然资源列入国家资产负债表是从联合国 SNA2008 开始的,但自然资源被明确指明了没有负债项。水生态系统是否存在负债、如何反映负债项、形成机制如何都是水生态资产负债表编制中必须回答的问题。本书遵循负债的一般定义,结合水生态资产的特殊性,明晰了水生态资产负债形成机制。

第2章　水生态资产负债表编制理论与方法

2.1　水生态资产及分类

2.1.1　水生态资产

2.1.1.1　资产的一般概念

资产,是人类对所拥有资源和权利的一种表述。人类对资产最早的认识源于私有制的诞生。不同核算领域,资产的含义和内涵不尽相同,而且随着社会经济的发展和经济活动的日趋复杂,资产所赋予的内容也日益丰富。人们在企业会计核算、社会经济统计、国民经济核算和企业运行管理等实践基础上,分别从会计、经济、评估、统计和管理等不同学科角度,对资产概念和内涵进行了阐述。

对资产概念的正式定义最早见于企业会计核算。从20世纪初,人类依据企业运行中所遇到的问题,分别从成本、权利、未来收益、变现能力等方面对资产概念进行了表述。1985年,美国财务会计准则委员会将资产定义为是特定主体由于过去交易和事项而取得或控制的可能的未来经济利益,该定义作为未来经济利益观的代表性学说得到了会计理论界和各国的广泛认可。基于此,国际会计准则委员会给出了最普遍被接受的资产定义:资产是企业由于过去事项所获得的可控制的资源,导致未来的经济利益将流入企业。该定义将资产作为资源来看待,使人类对经济活动中的资产有了更进一步的认识。我国依据国际会计准则定义并结合国情实际,在《企业会计准则》中,将资产定义为:由过去的交易、事项形成并由企业拥有或控制的资源,该资源预期会给企业带来经济利益。该定义与国际会计准则保持了内在一致,并对资产的来源做出了明确,而且将资源的权利关系细分成了拥有或控制,明确了纳入会计核算的资源范围,提高了会计信息质量。但由于目前计量上的局限性,当前会计核算仅纳入了较容易核算量化的资源范围。因此,企业会计中资产的主要特征应包括"拥有或控制"及"收益性"。

经济学中将资产概念更加拓展,强调资产是有形财产和无形权利的集合,是一种稀缺资源,可以为个人或企业带来未来收益。经济学中资产一般被划分为实物资产和金融资产。实物资产包括土地、设备、厂房等生产性资料,金融资产包括现金存款、债券、股票等债权或所有权凭证。经济学中资产具有"效用性"、"稀缺性"和"未来收益性"三大基本特征。

资产评估学中对资产的定义是该学科存在和发展的基石。由于资产评估有其特有的评估假设及基本原则,其对资产的认定较会计学和经济学有所不同。国际评估准则委员会在《国际评估准则》中将资产定义为"投资者所拥有和控制的,可以从中合理预计未来经济利益的资源",其重点强调资产的资源属性。资产评估学中资产可以是有形实物,也可以是无形权利,资产须具有稀缺性和排他性;资产由特定主体所拥有和控制;资产可以带来未来收益,但这种未来收益是潜在收益,取决于拥有和控制主体能否恰当的利用资产。资产评估学中资产具有"稀缺性"、"拥有或控制"及"收益性"等基本特征。

　　资产在统计学中的定义主要囿于国民经济核算中。SNA2008 中定义资产是"一种价值储备,代表经济所有者在一定时期内通过持有或使用某实体所产生的一次性或连续性经济利益。它是价值从一个核算期向另一个核算期结转的载体"。该定义也体现了资产的两个基本特征,即所有权有归属,并且所有者可以通过持有或使用它们而取得经济利益。资产在 SNA2008 中分为非金融资产和金融资产,其中非金融资产包括非金融生产性资产和非金融非生产性资产;金融资产包括货币性黄金与特别提款权、通货与存款和债务性证券。自然资源作为资产首次纳入非金融非生产性资产。在 SNA2008 中,资产确认的三要素是"所有权有归属""可持有或可使用""取得经济利益"。因此,"所有权有归属""可持有或可使用""收益性"是统计学资产的三个基本特征。

　　由于管理学在假设前提、研究目的、研究方法与手段上与经济学和统计学上不同,资产在管理学上的定义也稍有差异,其认为"资产是由过去事项产生的,通过直接或间接拥有或控制,从而获得经济价值的经济资源"。资产在管理学中具有"拥有或控制"及"收益性"两大基本特征,与会计学中资产基本特征相同。

　　综上所述,依据资产在不同学科中的基本特征,可以归纳总结出资产的一般属性。各类学科对资产的定义中虽然出现了"拥有""控制""所有权有归属"等不同表述方式,但"拥有"代表了资产的所有权,"控制"代表了资产的产权,其实际上都是有权属的特征,因此"所有权有归属"是资产形成的最基本属性。"收益性"在不同学科资产的定义中均有提及,除经济学中收益的涵盖较为广泛外,会计学、资产评估学、统计学和管理学中均将收益限定在经济利益或经济收益范围内,体现了收益的货币计量特有属性。基于以上两点,资产可定义为"所有者通过拥有或控制从而获得收益的资源",其一般属性是"有权属"和"收益性"。

2.1.1.2　自然资源资产

　　自然资源是人类生存与发展的物质基础和环境保障,其存在不受人类行为的控制和影响。由于自然资源的广袤和开发利用方式的多样性,不同国家、组织或部门对自然资源的定义也千差万别。《大英百科全书》将自然资源定义为人类可以利用的自然物质以及形成这些成分的环境功能。牛津大词典中定义自然资源为存在于自然界并可用于经济收益的物质。联合国环境规划署将自然资源定义为在一定时间和技术条件下,可以产生经济效益,并可以提高人类福利的自然环境因素的总称。自然资源的内涵,随着生产力的发展和科学技术的进步也在不断扩展。

　　人类在利用自然资源的过程中,获得了巨大的经济利益和社会利益,推动了人类社会文明的发展和进步,体现了资产的收益性。同时,为了避免有限自然资源的无序掠夺和竞争,各个国家依据自有国情和制度,以法律的形式确定了自然资源的所有权、使用权、收益权等,而且国家之间也通过条约、公约、协议等形式规定了公共自然资源的利用权利,这些均体现了资产有权属的特性。通过与资产一般属性的比较,自然资源具有资产属性,自然资源资产可以作为资产的一个分项。因此,SNA2008 将自然资源作为资产纳入非金融非生产性资产中。

自然资源的资产属性,为自然资源资产核算奠定了基础。目前,SEEA2012作为最成熟的自然资源资产核算体系,共对7类自然资源设置了资产账户,对自然资源资产核算进行了规范。当前各国均在对自己国家自然资源资产的核算进行探索,并在森林资源、矿产资源、水资源等领域开展了试点工作。

2.1.1.3 生态资产

生态资产是随着人类对自然资源和生态环境不合理利用,引起生态系统的损耗甚至枯竭而引出的一个全新概念,是自然资源资产与生态系统服务两个概念的结合与统一。人们对生态资产概念的认识是发展的和逐步深化的。生态资产有多种提法,如自然资本、环境资本、环境资产等,但较常见的是生态资产和生态资本两种提法。"生态资本"一词最早出现在1987年《我们共同的未来》报告中,报告第一次将环境看作资本。之后,不同学者对生态资产进行了不同的定义。Daily(1997)将生态系统提供的产品和服务作为自然资本。Ojea等(2012)认为自然资本是生态系统支持和提供对人类非常有价值的服务。刘思华(1997)将生态资产定义为存在于自然界可用于人类社会活动的自然资产。黄兴文等(1999)称生态景观实体为生态资产,其所有者可以通过拥有和控制它们获得经济利益。王健民等(2002)认为,生态资产是国家拥有的、可以带来潜在利益的生态经济资源,其以货币形式计量。陈百明等(2003)认为,生态资产是所有者对生态系统实施所有权而获取的服务效益和福利。潘耀忠等(2004)认为,生态资产是自然资源和生态系统服务的价值体现。张军连等(2003)也将自然资源、生态环境及服务功能看作生态资产。胡聃(2004)从多学科交叉的角度,对生态资产进行了定义,他认为人与环境相互作用构成的生态实体为生态资产,它可以在未来提供生态产品和服务。高吉喜等(2007)认为生态资产是人类从自然环境中获得的各种服务福利的价值。欧阳志云等(2016)认为生态资产是自然资源资产的主要组成部分,是生产与提供生态产品与服务的自然资源。总之,生态资产尚未有统一概念,但生态资产的定义主要集中在三个方面,一方面认为生态资产为自然资源;另一方面认为生态资产即生态产品与服务的价值;还有一方面认为自然资源和生态系统服务所产生的价值统称为生态资产。虽然不同的概念在涵盖内容、侧重方向上有所不同,但在生态资产的定义过程中应遵循资产的一般属性即"有权属"和"收益性"。

由于资产和资本在涵义上的差异,生态资产与生态资本既有联系又有区别。资产是可以给拥有者带来收益的资源,而资本是用于生产产品和服务的资源存量。资本强调生产与再生产中投资的收益性,而资产不仅包括再生产投资的收益性,也包括非生产的消费。相应的,生态资产转变为生态资本是有一定条件的。生态资本是一种存量,能带来更大的收益,其只是能够产生未来现金流的生态资产。不能为所有者带来收入的生态资产不能成为生态资本,只能满足个人使用。生态资产涵义的外延比生态资本要宽。生态系统所拥有的生态系统功能,其所提供的产品和服务不仅要满足人类社会的需要,也要满足生态系统自身的更新、循环、发展的需要。因此,本书认为生态资产的表述更能反映生态系统提供的产品和服务的价值。

综上所述,生态资产在遵循"有权属"和"收益性"一般属性的基础上,可定义为:所有者通过拥有和控制自然资源及其环境而获得生态产品和服务的价值。生态资产由生态系统服务所表示,并可通过价值评价以经济价值量所体现。

2.1.1.4 水生态资产

水生态资产是生态资产在水生态方面的延伸。水生态资产的定义应在生态资产概念的基础上,结合水生态系统的特点而产生。

1. 水生态系统

国际上一般将生态系统划分为水生生态系统和陆地生态系统两大类,详见图 2-1。对于水生生态系统,又分为海洋生态系统和淡水生态系统,而淡水生态系统又细分为河流、湖泊和湿地。本书只对淡水生态系统进行讨论。

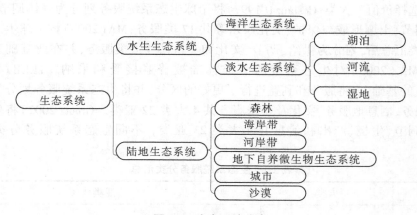

图 2-1　生态系统分类

2. 水生态系统的功能和服务

生态系统的功能最早由 Odum(1954)提出,认为生态系统功能是生态系统的不同生境、生物及其系统所形成的属性或过程。生态系统功能侧重于反映生态系统的自然属性,是维持生态系统服务的基础。Groot(2002)认为生态系统功能是自然资源及过程为人类直接或间接提供服务的能力。生态系统功能是生态系统结构和过程的子集。而对水生态系统功能定义鲜有所见,大量学者研究集中在水生态系统服务的研究上。Brauman 等(2007)提出水文生态系统服务的概念,并定义其为"陆地生态系统在对水资源系统影响过程中,所产生对人类的收益"。Grizzetti 等(2016)并没有直接给出水生态系统服务的概念,他先确定了与水资源管理相关的生态系统服务是水生生态系统以及不同生态系统中水和土地相互作用有关的生态系统服务,进而引申出这些所有的服务即为水生态系统服务。欧阳志云(2004)给出了水生态系统服务功能的概念,即水生态系统及其生态过程所形成及所维持的人类赖以生存的自然环境条件与效用。张诚等(2011)在总结前人工作基础上,提出了水生态系统服务功能概念,并有广义和狭义之分。其广义概念与 Grizzetti 等相似,而狭义概念认为水生态服务功能是水维系生物生存与发展的功能。从以上分析可知,水生态系统功能并没有统一的概念,并且存在水生态系统功能和水生态系统服务混淆的现象。

3. 水生态资产

水生态资产首先应遵循"有权属"和"收益性"一般资产属性,其次应体现水生态系统维持自然环境条件与效用功能的属性,并且应与生态资产概念相呼应。水生态资产可定义为:所有者通过拥有和控制水生态资源及其环境而获得水生态产品和服务的价值。

2.1.2 水生态系统服务分类

2.1.2.1 生态系统服务

由于生态系统的复杂性、地域的差异性、人类认识的有限性,生态系统服务类型划分仍无统一标准。Daily(1997)将生态系统服务划分为生产投入、维持动植物生命和提供存在价值及选择价值三大类;Costanza(1997)将全球生态系统服务划分为气体调节、气候调节、干扰调节、土壤形成与保护、文化娱乐等共 17 类服务;MA(2005)将全球生态系统多种服务分类汇总后,划分为供给、调节、文化和支持共 4 大类服务,并在此基础上又细分28 亚类。MA(2005)对生态系统的分类标准被普遍接受和采纳。TEEB(2010)在MA(2005)的基础上,将服务和利益进行了更好的区分,并将生态系统服务划分为供给服务、调节服务、栖息地服务、文化及娱乐服务共 4 大类 22 亚类。Groot(2002)将生态系统功能分为调节、生境、产出和信息共 4 大类 23 亚类。不同生态系统服务分类情况详见表 2-1。

表 2-1　生态系统服务分类汇总

来源	大类	亚类
Daily(1997)	生产投入 维持动植物生命 提供存在价值及选择价值	
Costanza(1997)		气体调节、气候调节、干扰调节、水源调节、水源涵养、水土保持、土壤形成与保护、营养循环、废物处理、授粉、生物控制、栖息地、食物生产、原材料、遗传资源、文化娱乐共17 类
MA(2005)	供给服务	食物、纤维、遗传资源、生物化学物质及天然药材和药物、淡水共 5 类
	调节服务	空气质量调节、气候调节、水资源调节、侵蚀调节、净化水质和处理废弃物、调控疾病、调控害虫、授粉、调节自然灾害共 9 类
	文化服务	精神和宗教价值、知识系统、教育价值、灵感、美学价值、社会关系、故土情结、文化传统价值、消遣与生态旅游共9 类
	支持服务	土壤形成、光合作用、初级生产、养分循环、水循环共 5 类

续表 2-1

来源	大类	亚类
TEEB(2010)	供给服务	食物、水、原材料、遗传资源、药用资源、观赏资源共 6 类
	调节服务	空气质量调节、气候调节、灾害调节、水源调节、废物处理、防止侵蚀、保持土壤肥力、授粉、生物控制共 9 类
	栖息地服务	迁徙物种生命周期的维持、遗传多样性的维持共 2 类
	文化及娱乐服务	美学信息、娱乐和旅游的机会,对文化、艺术和设计的启发,精神体验,认知发展提供信息共 5 类
Groot(2002)	调节功能	气体调节、气候调节、干扰调节、水源调节、水源供给、水土保持、土壤形成、营养循环、废物处理、授粉、生物控制共 11 类
	生境功能	栖息地、抚育功能共 2 类
	产出功能	食物、原材料、遗传资源、药用资源、观赏资源共 5 类
	信息功能	美学信息、娱乐、文化和艺术信息、精神和历史信息、科学和教育共 5 类

2.1.2.2　水生态系统服务

由于生态系统服务分类上的不统一,将生态系统服务分类直接运用到水生态系统存在一定的困难。不同组织和学者在对水生态系统服务评估时,对其也进行了不同的分类。赵同谦等(2003)将水生态系统服务功能划分为直接使用价值和间接使用价值两大类,其中直接使用价值又细分为供水、发电、航运、水产品供给、娱乐休闲 5 亚类,间接使用价值分为水质净化、洪水调节、水分蓄积、土壤保持、河流输沙、C 固定、维持生物多样 7 亚类。欧阳志云等(2004)将水生态系统服务功能划分为提供产品、调节功能、文化功能和生命支持功能 4 大类共计 25 亚类。MA(2005)在湿地与水综合报告中,将水生态系统服务划分为供给、调节、文化和支持 4 大类服务,并细分为 18 个与水相关的亚类。Brauman 等(2007)基于水文生态系统服务的概念,将水文生态系统服务分为改善河道外取水、改善河道内取水、减轻水害、提供与水有关的文化服务和与水有关的支持服务共 5 类。Ojea 等(2012)认为水循环(以及其他辅助服务,如营养循环)不是人类追求的服务,而仅仅是保证淡水(或食物,例如营养循环)的手段,并且参考 Hein 等(2006)的观点"支持服务在其他三类服务中已经体现了,不应再单独计算",他在 Brauman 的基础上,将水文生态系统服务分为改善河道外取水、改善河道内取水、减轻水害、提供与水有关的文化服务 4 大类。TEEB(2010)依据其生态系统服务分类标准将水生态系统服务划分为 3 大类 15 亚类,并且也认为支持服务在其他三类服务中已经体现了,不再单独分列。欧盟国际生态系统服务分类 4.3 版本(CICES4.3,2015)以 TEEB(2010)为参考,将水生态系统服务划分为 3 大类 17 亚类。2020 年欧盟生物多样性战略行动 5——生态系统及其服务的绘制和评估(MAES,2016)将淡水生态系统服务划分为供给服务、调节服务和文化服务三大类,并进一步细分为 8 个亚类。水生态系统服务分类汇总详见表 2-2。

表 2-2　水生态系统服务分类汇总成果

分类	欧阳志云(2004)	MA(2005)	TEEB(2010)	CICES(2015)	MAES(2016)
供给服务	水产品	食物	食物	食物	营养
	生活生产供水	淡水	饮用水	饮用水	材料
	水力发电	纤维和燃料	原材料与药物资源	材料	能源
	内陆航运	生物化学品	非饮用水	非饮用水	
	基因资源	遗传物质	能源	能源	
调节服务	水文调节	调节气候	废水处理	水污染处理	废物处理
	河流输送	水文状况	区域气候、空气质量调节	空气污染调节	径流调节
	水资源蓄积与调节	控制污染和脱毒	土壤保持	径流和侵蚀调节	维护物理、化学、生物条件
	侵蚀控制	预防侵蚀	极端事件的防治	洪水防护	
	水质净化	调控自然灾害	种群和栖息地保持	种群和栖息地保持	
	空气净化		生物控制	病虫害防治	
	气候调节		碳储存	土壤形成、全球气候调节、区域气候调节	
文化服务	文化多样性	精神和灵感	娱乐和身心健康、旅游	体验自然	身心上与生态系统和陆地/海洋景观的相互作用；精神上与生态系统和陆地/海洋景观的相互作用
	教育价值	休闲娱乐	文化、艺术与设计的审美与启示	知性与审美	
	灵感启发	美学	精神体验与场所感	精神和灵感	
	美学	教育			
	文化遗产				
	娱乐				
	生态旅游				

续表 2-2

分类	欧阳志云(2004)	MA(2005)	TEEB(2010)	CICES(2015)	MAES(2016)
支持服务	土壤形成与保持	生物多样性			
	光合产氧	土壤形成			
	氮循环	养分循环			
	水循环	投粉			
	初级生产力				
	提供生境				

综上所述,水生态系统服务类型的划分随着人类对生态系统服务认识的不断深入,从以供给、调节、文化和支持四类服务划分逐渐转变成供给、调节和文化服务三类划分,支持服务不再单独分列。借鉴 TEEB(2010)、CICES(2015)和 MAES(2016)对水生态系统服务的分类成果,并结合 MA(2005)对湿地与水生态系统服务分类和欧阳志云对陆地水生态系统服务的分类经验,水生态系统服务划分为供给服务、调节服务和文化服务 3 大类 15 亚类,详见表 2-3。

表 2-3　水生态资产分类

大类	亚类	具体描述
供给服务	供水	生活、生产供水及河道外生态补水
	水力发电	直接利用水势能进行发电
	淡水产品	鱼、虾、蟹、贝等淡水产品
	生物原料	藻类作为工业原料
	燃料	河岸带木材、芦苇等
	内陆航运	利用天然水面进行航运
调节服务	水源涵养	湖泊、湿地、水库蓄水和地下水的补给等
	固碳释氧	水生态系统内的植物和藻类的碳积累和 O_2 释放
	洪水调节	湖泊、湿地、水库减缓和调蓄洪水水量
	水质净化	水中污染物的去除,如 COD、TP、TN
	气候调节	利用湿地或湖泊维持湿度和降水模式,遮荫效果
	维持种群栖息地	栖息地用作繁殖地、苗圃、各种物种的庇护所
	病虫害防治	疾病和寄生虫在野外得到更好的控制
	土壤形成	在平原、水库库岸、湖泊或湿地边界的肥沃土壤的形成
文化服务	旅游服务	旅游、休闲垂钓、观光、划船、欣赏自然景致等

2.1.3　水生态资产分类

　　水生态资产是自然资源资产和水生态系统服务概念的有机结合,其资产分类与水生态系统服务分类相同。水生态资产类型划分为供给服务、调节服务和文化服务三大类。其中,供给服务包括供水、水力发电、淡水产品、生物原料、燃料和内陆航运共 6 类服务;调节服务包括水源涵养、固碳释氧、洪水调节、水质净化、气候调节、维持种群栖息地、病虫害防治和土壤形成共 8 类服务;文化服务仅含有旅游服务。考虑环境作为主体的存在,部分水生态资产分类项对于环境主体意义不同甚至无意义。如供水项,对于经济体代表向生活、生产供水及河道外生态供水;而对于环境主体而言,则代表了自然留存水量。

2.2　水生态负债及分类

2.2.1　负债的概念

2.2.1.1　负债的一般概念

　　负债作为一个经济术语首先被广泛应用于企业会计核算中,但人们基于不同的视角对负债的定义也不尽相同,其中最有代表性的理论为业主权论和主体论。主体论以企业为出发点,强调了企业的独立性,债权人和所用者的经济活动都围绕企业展开;而业主权论从企业所有者的角度出发,强调所有者在企业中的权益。主体论和业主权论在国内外会计理论中均有应用,但业主权论受到了更加广泛的认可,如 IASC 对负债的定义:负债为企业过去的交易或事项形成的、预期会导致经济利益流出企业的现时义务。企业负债的确定需满足三个要素:①现时义务。企业所承担的负债必须是现行条件下已承担的义务,将来的未发生的不属于现时义务,不计入当期债务。②企业经济利益流出。企业负债必然导致企业经济利益流出,不履行义务不会致使企业经济利益外流,不计入企业债务。③已发生,企业负债必须是由过去的交易或事项形成的,未来的交易或者事项不形成负债。企业负债一般具有确切的债权人和到期日,其债权债务关系主体分别是债权人和企业自身。

　　企业在经营活动中,不仅对其他债权人负有经济负债,如果企业在生产活动中产生环境污染或存在对环境的破坏,必须负有对环境的治理和修复责任,其所担负的环境支付费用,则也被认定为负债。环境负债是负债的特殊形式,是环境责任在企业财务上的量化,是从企业的角度考虑环境成本增加而导致经济利益流出企业的现时义务。环境负债具有明确的债务人(企业自身),但债权人没有特定实体,环境的权利主体一般是国家或某一环境保护机构。企业对环境的负债是企业与国家或某一环境保护机构关于环境破坏而形成的债权债务关系。

　　随着国家债务危机的发生及国家宏观调控的要求,对国家债务状况进行分析得到了广泛的关注,企业负债核算思路被逐渐引入并应用于国民经济核算层面。SNA 认为没有非金融负债,负债一词仅指金融负债。金融负债与企业负债相比,由于核算主体的不同,其核算思路上有较大差异。SNA2008 定义负债为:一个机构单位在特定条件下有义务向另一机构单位提供的一次性支付或连续性支付。机构单位是 SNA 所识别的最基本单位,是经济活动各方面的决策中心和法律责任承担者。不同机构单位间所产生的金融负债天然赋予了债权方和债务方,债权方对债务方享有相应的金融债权。

从企业负债、环境负债和国家金融负债涵义来看,无论是哪种负债,均涉及债权方和债务方,债权方和债务方的存在是负债形成的本质属性。水生态资产负债核算中,也应区分债权方和债务方,通过划定负债发生边界,构建关于水生态资产负债的债权债务关系。本书将环境主体引入作为虚拟主体,与经济体形成债权方和债务方,反映经济体与环境之间水生态系统功能与服务之间的博弈,满足了负债存在的基本要求。

2.2.1.2　自然资源负债

探索编制自然资源资产负债表是中共十八届三中全会提出的全新任务,是中国政府努力推进建设国家治理体系和提高治理能力的决心和智慧,表明了我国政府建立资源节约和环境友好美丽中国的坚定决心。自此,自然资源负债作为一个全新的概念受到了众多学者和管理者的关注,理论和实践研究方兴未艾。

对自然资源是否存在负债的认识起初并不一致。以耿建新为代表的一些学者认为自然资源不存在负债,提出应遵循 SEEA2012 思路设置环保支出账户和自然管理账户;个别学者甚至认为自然资源负债表定位为一种管理表,可以不必追求严格的资产、负债及净资产之间的平衡关系。而更多学者偏向于存在自然资源负债,但在对自然资源负债的定义和确认上存在不同。通过对目前自然资源负债概念的梳理,负债主要是从资源耗减和环境损坏、环保支出、资源过量利用三个角度进行了定义和确认。对于资源耗减和环境损坏,认为负债是人类社会在不合理利用自然资源过程中,对自然资源造成的资源耗减、环境损坏和生态破坏等净损失。从环保支出角度出发,负债被定义为自然资源开发利用过程中产生的资源质量下降和环境破坏等需要治理的费用,着重强调了人类在自然资源使用过程中需要支付的环境治理成本。而资源过量利用观点重点对超出自然资源限额的过度消耗进行了关注,以资源生态环境权益或"红线"为负债确认标准,超越限额即产生负债。最有代表性的如高敏雪所提出的三层次划分法,分别从自然资源实体、经营权益、开采权益对自然资源进行核算,并将实际开采量是否超过开采权益作为负债发生的确认标准。贾玲通过引入环境虚拟主体,将水资源权益限额作为水资源是否过度消耗的确认标准,指出经济体超出其水资源权益限额即产生负债。柴雪蕊将"三条红线"是否超标作为评判负债发生的依据,以每年的实际取水量、实际用水效率、实际水功能区水质达标率与"三条红线"指标相比较,超过"红线"指标即认为产生负债。

总之,自然资源种类繁多,自然属性千差万别,对不同种类的自然资源,负债的概念和确认准则也不同。自然资源负债产生的根本原因是人类社会对资源的不合理利用。将资源过量或过度使用作为认定负债产生的标准,可以较好地体现人类与环境的债权和债务关系。

2.2.2　水生态负债

水生态负债是自然资源资产负债概念在水生态领域的延伸。与企业负债和国家金融负债不同,水生态负债在概念、形成机制、核算方法等方面均处于空白状态。人类社会对水生态资产的不合理利用是负债产生的根本原因,如何确定经济体和环境主体之间债权债务发生的临界条件,需要对水生态系统面临人类社会压力、水生态系统自身功能变化、水生态系统向人类社会提供服务之间关系进行详细阐述。

2.2.2.1 水生态系统压力

水生态系统对外来的作用力有一定承受能力,但如果作用力过大,则会失去平衡,系统即遭到破坏。通常情况下,水生态系统在可持续利用条件下并不产生压力,只有当水生态系统遭遇过度开发利用时才会转变为压力。如水资源过度使用、水污染物过量排放和水文形态的变化被视为影响水生态系统的压力。有时,也考虑外来物种入侵、过度捕捞、围湖造田、全球气候引起的气温升高等对水生态系统的负面影响。总体来说,水生态系统压力可以概括为人类对水生态系统开发利用过程中,不合理的利用造成水生态系统水量和水质、水体形状和生物组成发生根本性变化且引起水生态系统功能退化的人类活动。水生态系统压力主要是人类活动与水生态系统响应之间的不平衡所引起的。人类活动是产生多重压力的主要驱动因素,压力影响生物多样性和水生态系统的状态,从而导致水生态系统功能、服务和经济价值的变化。水生态系统压力、状态、服务关系如图2-2所示。

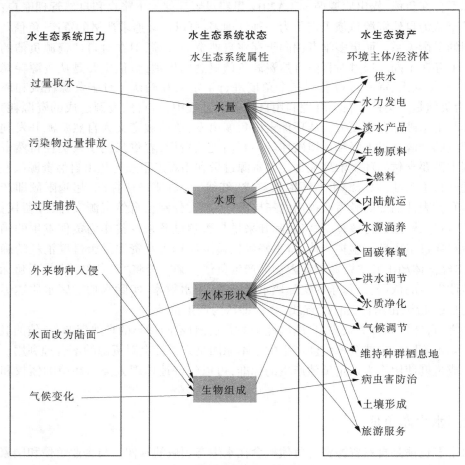

图2-2 水生态系统压力、状态、服务关系

水生态系统压力与水生态系统服务之间并不是遵循一对一的对应关系。单一的水生态系统服务可能受到多重水生态系统压力的影响,某一水生态系统压力可能会对多个水生态系统服务产生影响。同时,由于多重压力可能具有累加效应、协同效应或拮抗效应,必须考虑压力组合与水生态系统响应之间的复杂联系。

不同水生态系统压力对水生态资产服务的影响程度不尽相同。通过分析水生态系统拟定的 6 类压力对系统水量、水质、水体形状、生物组成 4 类属性的影响后发现,不同水生态系统压力对水生态系统属性影响较单一。但水生态系统服务与系统属性变化的关系较为复杂,水生态系统服务对水量和水体形状变化敏感性较高,水生态系统水量和水体形状的改变可分别对 14 项水生态系统服务产生影响,而水质和生物组成属性受压力发生改变仅分别对 5 项和 2 项水生态系统服务产生影响。在分析水生态系统压力、状态、服务相互关系时,应重点讨论对水量和水体形状属性影响较大的压力项。

2.2.2.2　水生态负债

水生态系统压力体现了人类社会对水生态系统的不合理利用,反映了经济体在利用水生态系统服务过程中所造成的水生态系统功能的降低甚至丧失。水生态负债可定义为人类社会经济体对水生态系统的过度开发利用而引起的水生态系统状态发生与原有的平衡状态方向相反的位移,进而造成水生态系统服务水平的降低。当环境作为一个虚拟主体引入资产负债表后,可以通过确定水生态系统压力的大小及对水生态系统服务影响高低程度,核算水生态负债量。与企业负债和国家金融负债以货币为计量单位不同,水生态负债首先以功能量为计量单位,再由价值评估将功能量转换成货币的表现形式,以利于不同负债量的汇总。

2.2.2.3　水生态负债分类

水生态负债分类应与水生态系统压力种类保持一致。鉴于外来物种入侵和气候变化对水生态系统的影响仍处于研究阶段,定量评估其影响程度仍存在一定的困难。本次水生态负债只考虑过量取水、污染物过度排放、过度捕捞及水面转变为陆面共 4 类负债项。

2.3　国家资产负债表

2.3.1　表　式

国家资产负债表是国民经济核算体系(SNA)中唯一的存量账户,其以企业资产负债表为参考,分别核算以国家经济体为主体的各部门在某一个时点所有资产和负债,然后通过加总来反映该经济体总体存量。由于国民经济核算体系发布了 1953 年、1968 年、1993 年和 2008 年 4 个不同版本,国家资产负债表内涵和表式结构不尽相同。SNA1953 第一次在全球范围内提供了一套标准的国民收入和生产统计报表;以此为基础,SNA1968 首次引入国家资产负债表;SNA1993 将自然资源作为资产纳入到国家资产负债表中,仅含有土地资源、水资源、非培育性生物资源和地下资产;SNA2008 调整和扩展了原有国家资产负债表的明细项,将自然资源归入非金融非生产性资产,包括土地资源、矿产和能源储备、非培育性生物资源、水资源和其他自然资源。SNA2008 国家资产负债表一般格式详见表 2-4。

表 2-4　SNA2008 国家资产负债表一般格式

资产存量和变化量	国内经济总体	国外部门	货物和服务	合计	负债存量和变化量	国内经济总体	国外部门	货物和服务	合计
期初资产负债表	一、非金融资产				期初资产负债表	一、非金融资产			
	1.非金融生产性资产					1.非金融生产性资产			
	(1)固定资产					(1)固定资产			
	(2)存货					(2)存货			
	(3)贵重物品					(3)贵重物品			
	2.非金融非生产性资产					2.非金融非生产性资产			
	(1)自然资源					(1)自然资源			
	(2)合约、租约和许可					(2)合约、租约和许可			
	(3)商誉和营销型资产					(3)商誉和营销型资产			
	二、金融资产/负债					二、金融资产/负债			
	1.货币性黄金与特别提款权					1.货币性黄金与特别提款权			
	2.通货与存款					2.通货与存款			
	3.债务性证券					3.债务性证券			
	4.贷款					4.贷款			
	5.股权和投资基金份额/单位					5.股权和投资基金份额/单位			
	6.保险、养老金和标准化担保计划					6.保险、养老金和标准化担保计划			
	7.金融衍生工具和雇员股票期权					7.金融衍生工具和雇员股票期权			
	8.其他应收/应付款					8.其他应收/应付款			

净值

续表 2-4

资产存量 和变化量		国内经 济总体	国外 部门	货物 和服务	合 计	负债存量 和变化量		国内经 济总体	国外 部门	货物 和服务	合 计
资产变化合计	一、非金融资产					资产变化合计	一、非金融资产				
	1. 非金融生产性资产						1. 非金融生产性资产				
	（1）固定资产						（1）固定资产				
	（2）存货						（2）存货				
	（3）贵重物品						（3）贵重物品				
	2. 非金融非生产性资产						2. 非金融非生产性资产				
	（1）自然资源						（1）自然资源				
	（2）合约、租约和许可						（2）合约、租约和许可				
	（3）商誉和营销型资产						（3）商誉和营销型资产				
	二、金融资产/负债						二、金融资产/负债				
	1. 货币性黄金与特别提款权						1. 货币性黄金与特别提款权				
	2. 通货与存款						2. 通货与存款				
	3. 债务性证券						3. 债务性证券				
	4. 贷款						4. 贷款				
	5. 股权和投资基金份额/单位						5. 股权和投资基金份额/单位				
	6. 保险、养老金和标准化担保计划						6. 保险、养老金和标准化担保计划				
	7. 金融衍生工具和雇员股票期权						7. 金融衍生工具和雇员股票期权				
	8. 其他应收/应付款						8. 其他应收/应付款				
净值											

续表 2-4

资产存量和变化量		国内经济总体	国外部门	货物和服务	合计	负债存量和变化量		国内经济总体	国外部门	货物和服务	合计
期末资产负债表	一、非金融资产					期末资产负债表	一、非金融资产				
	1. 非金融生产性资产						1. 非金融生产性资产				
	（1）固定资产						（1）固定资产				
	（2）存货						（2）存货				
	（3）贵重物品						（3）贵重物品				
	2. 非金融非生产性资产						2. 非金融非生产性资产				
	（1）自然资源						（1）自然资源				
	（2）合约、租约和许可						（2）合约、租约和许可				
	（3）商誉和营销型资产						（3）商誉和营销型资产				
	二、金融资产/负债						二、金融资产/负债				
	1. 货币性黄金与特别提款权						1. 货币性黄金与特别提款权				
	2. 通货与存款						2. 通货与存款				
	3. 债务性证券						3. 债务性证券				
	4. 贷款						4. 贷款				
	5. 股权和投资基金份额/单位						5. 股权和投资基金份额/单位				
	6. 保险、养老金和标准化担保计划						6. 保险、养老金和标准化担保计划				
	7. 金融衍生工具和雇员股票期权						7. 金融衍生工具和雇员股票期权				
	8. 其他应收/应付款						8. 其他应收/应付款				
净值											

SNA2008 国家资产负债表分别从"资产"和"部门"两个维度对国家资产、负债及净资产进行统计和汇总。其中，"资产"列在纵栏，"部门"列在横栏。纵栏包括非金融资产、金融资产、金融负债和净资产项目，横栏分为国内经济总体、国外部门以及货物和服务。国内经济总体又细分为金融公司部门、非金融公司部门、政府部门、住户部门、为住户服务的

非营利机构部门。

SNA2008 给出了国家资产负债表的一般性格式,通过对平衡关系、记账方式、确认基础等的分析,可为水生态资产负债表提供理论基础和核算思路。

2.3.2　平衡关系

国家资产负债表有别于企业会计资产负债表所遵循的"资产=负债+所有者权益"恒等式。由于国家主体所有者权益没有资本及公积,因此国家资产负债表为了保证平衡,以国家资产负债差额代替所有者权益项,将净资产作为负债表中的平衡项,形成"资产=负债+净资产"恒等关系。国家资产负债表中国内经济体不同部门与国外部门资产、负债和净资产之和即为整个经济体的资产、负债以及净资产。

SNA2008 规定非金融资产没有负债,"资产=负债+净资产"恒等关系可表示为"非金融资产+金融资产=金融负债+净资产"。鉴于金融资产与金融负债在全球尺度具有对称性,而对某一特定国家会产生净国际投资头寸(Net international investment position,NIIP),则国家资产负债表平衡关系可表示为"非金融资产+净国际投资头寸=净资产"。如果该特定国家与外界无经济往来,则可表示为"非金融资产=净资产"。

2.3.3　记账方式

记账方式一般可分为单式记账法和复式记账法。由于复式记账法可以更全面地记录经济活动的来龙去脉,对比单式记账法这种不完整记账方法具有巨大优势,其已成为世界通用记账方法。复式记账法按构成要素可细分为借贷记账法、增减记账法和收付记账法,而其中借贷记账法是最常用的。SNA2008 国家资产负债表同样遵循复式记账法。国民经济核算中每一项经济活动都基本涉及两个部门,而各部门又都采用复式记账法,即每一项经济活动在各部门分别记录 2 次,共记录 4 次,也称为四式记账法。四式记账法分别从部门内部和部门之间运用复式记账法,可以在提高部门账户有关数据的一致性和衔接性的同时,揭示不同部门之间的联系。

2.3.4　确认基础

会计确认基础分权责发生制与收付实现制两种。权责发生制不同于收付实现制中以款项实际支付发生为确定标准,其以收益和费用是否发生来予以确定。SNA2008 以权责发生制为确认基础,各部门之间的交易必须在债权和债务发生、转变或消失之时进行记录。

SNA2008 国家资产负债表将自然资源作为一类资产列入非金融非生产性资产中,强调了自然资源在人类经济社会活动中的重要作用,但自然资源并没有负债项,没有体现人类社会和自然环境的关系。从 SNA2008 国家资产负债表表式结构中应该清楚,虽然自然资源并没有负债项,但国家资产负债表所遵循的恒等式、记账方式和记录时间对水生态资产负债表的编制起到了指引作用,其主要原则应在水生态资产负债表的编制过程中得到坚持和贯彻。

2.4 环境经济核算体系(SEEA2012)

环境经济核算体系(SEEA2012)作为 SNA 的卫星账户,是第一个描述经济与环境关系的国际标准。在该体系中,设置了土地资源、矿产资源、林木资源、水资源、土壤资源、水生资源和能源共 7 组自然资源资产账户,从物质循环角度对物质和能量在经济体与环境间的流动做了分析,更加系统全面地反映了自然资源核算过程和方法。SEEA2012 中自然资源资产账户包括实物量和价值量两类核算表格,都遵循"期末存量＝期初存量＋存量增加－存量减少"的平衡关系,并以"资产来源＝资产使用"的形式表现出来。如水资源实物型资产账户(见表 2-5),纵向表示水资源存量变化,横向反映了水资源分布型态,横、纵向体现了"存量＝分布型态之和"的恒等关系。

表 2-5　水资源资产账户(实物量)一般格式

分布型态　　　　存量变化	地表水				地下水	土壤水	合计
	水库	湖泊	河流	冰川、雪和冰			
一、期初存量							
二、存量增加							
1.回归水量							
2.降水量							
3.流入量							
①从其他领土的流入量							
②从其他内陆水资源的流入量							
③含水层中的水资源发现量							
存量增加量合计							
三、存量减少							
1.取水量							
2.蒸发量							
3.流出量							
①入其他领土的流出量							
②入海洋的流出量							
③入其他内陆水资源的流出量							
存量减少量合计							
四、期末存量							

　　自然资源资产账户仅对自然资源存量水平及核算期存量变化进行了统计核算,并没有涉及自然资源资产"负债"和"净资产"两项内容。在 SEEA2012 核算体系中,对资源管理和环境保护以账户形式分别进行了支出和收入的核算,体现了"环境负债"的内涵。SEEA2012 自然资源资产核算以及资源管理和环境保护核算思路与方法可以为水生态资产负债表表式结构、科目列报、会计要素等提供参考。

2.5　水资源资产负债表

　　水资源资产负债表是自然资源资产负债表的重要组成部分,是以水资源为核算对象,清晰地反映人类社会对水资源不合理利用所产生的影响,体现经济体与环境之间的债务债权关系的一套报表。秦长海等(2017)在贾玲所提出广义水资源负债概念的基础上,以国民经济核算体系(SNA)及综合环境经济核算体系(SEEA)框架下的水资源环境经济核算体系(SEEAW)为参考,提出了基于统计学和经济学的国家(地区)水资源资产负债表。该表将水资源耗减、水环境损害与水生态退化纳入水资源资产核算体系,实现了水资源资产负债表研究的突破。国家(地区)水资源资产负债表一般格式详见表 2-6。

表 2-6　国家(地区)水资源资产负债表一般格式

	资产项	经济体	环境	合计		负债项	经济体	环境	合计
期初	地表水				期初	挤占生态流量			
	地下水					挤占环境容量			
	其他					地下水超采量			
						净资产			
变化量	地表水				变化量	挤占生态流量			
	地下水					挤占环境容量			
	其他					地下水超采量			
						净资产			
期末	地表水				期末	挤占生态流量			
	地下水					挤占环境容量			
	其他					地下水超采量			
						净资产			

注:阴影部分表示环境没有负债项,下同。

　　国家(地区)水资源资产负债表遵循"净资产 = 水资源资产 − 水资源负债""期末存量 = 期初存量 + 期中变化量"的恒等关系,主要针对国家或行政区。其核算主体包括经济体和环境,其中环境作为虚拟主体或债权主体引入负债表中形成与经济体并列的部门。国家(地区)水资源资产负债表负债项包括挤占生态流量、挤占环境容量和地下水超采量3 项,记录经济体对水资源、水环境和水生态造成的影响。同时该负债表核算期分为期初、期末和中间变化量,用以反映经济体间、经济体与环境之间关于水资源资产变动情况及债权债务关系。

　　国家(地区)水资源资产负债表是当前唯一具有资产负债特征的自然资源资产负债表,其所遵循的恒等式、核算主体的分类、负债项所包含内容、核算期设置等对水生态资产负债表的编制可以提供重要参考。

2.6　水生态资产负债表的基本框架

2.6.1　基本要素

　　水生态资产负债表应反映某一时刻水生态资产的状况,包括功能量和价值量。由于以功能量表征的各项水生态资产单位不统一,汇总存在困难,需要在水生态资产功能量核算的基础上,通过经济价值评价,转换为价值量。在水生态资产负债表中,总体框架遵循SNA2008 国家资产负债表基本框架,包括资产、负债和净资产三类核算要素,其中资产和负债是核心要素。

2.6.1.1　平衡关系

　　水生态资产负债表应遵循"水生态资产=水生态负债+水生态资产净值"这一平衡关系,水生态资产净值是水生态资产负债表的平衡项。

2.6.1.2　记账方式

　　由于 SNA2008 国家资产负债表中所采用的复式记账法最少涉及两个部门,且根据金融负债的内涵负债一般涉及债权方和债务方,水生态资产负债表核算主体可以分为经济体和环境,以四式记账法为记账方式。

2.6.1.3　记录时间

　　水生态资产负债表遵循权责发生制,以水生态资产债权和债务发生、转变或消失之时进行记录。

2.6.2　基本框架

　　依据国家(地区)水资源资产负债表,水生态资产核算主体分为经济体和环境。经济体对应水生态资产为水生态系统向人类提供的各项产品及服务,而环境主体对应水生态资产中自然环境所保留产品和服务。水生态资产功能量表分别以水生态系统向经济体和环境提供产品和服务数量填报表中经济体和环境两个主体所列各分类项数据。在功能量核算基础上,通过水生态资产经济价值核算,得到不同分类项水生态资产经济价值。水生态负债与水生态资产核算步骤一致,也包括功能量和价值量,并且环境主体没有负债项。考虑水生态资产所包含种类众多,严格计算核算期变化量较为困难,水生态资产负债表核算期只包括期初和期末。水生态资产负债表表式结构如表2-7所示。

表 2-7　水生态资产负债表表式结构

核算主体 / 各项目类型	期初			期末		
	环境	经济体	合计	环境	经济体	合计
一、水生态资产						
1. 供给服务						
①供水						
②水力发电						
③淡水产品						
④生物原料						
⑤燃料						
⑥内陆航运						
2. 调节服务						
①水源涵养						
②固碳释氧						
③洪水调节						
④水质净化						
⑤气候调节						
⑥维持种群栖息地						
⑦病虫害防治						
⑧土壤形成						
3. 文化服务						
①旅游服务						
二、水生态负债						
1. 过量取水						
2. 污染物过度排放						
3. 过度捕捞						
4. 水面转变为陆面						
三、水生态资产净值						

第3章 水生态资产核算

3.1 核算思路与框架

3.1.1 核算思路

水生态资产核算是指水生态资产负债表中资产项的核算,即对水生态系统提供各类服务的经济价值进行分析与评价,其核算思路源于生态系统服务经济价值评估。根据生态系统服务评估的方法,水生态资产可以从水生态功能量和经济价值量两个角度进行核算。水生态功能量,即一般意义上的实物量,可以用水生态系统服务表现的水生态产品数量与水生态服务量来表达,如水产品总量、水能资源蕴藏量、污染物净化量、固碳释氧量、水利景观吸引旅游人数等。其优点是直观,给人明确具体的印象,但由于计量单位不同,难以汇总。因此,仅靠功能量指标难以获得一个地区、一个流域甚至整个国家在一段时间的水生态系统产品与服务的总体情况。为了可以对不同核算期、不同区域范围内水生态资产进行对比分析,实现水生态资产离任审计,需要借助价格工具,将不同种类水生态系统产品数量与服务量转化为经济价值量,并以货币单位表示,进而可以汇总得到水生态资产价值总量。水生态资产核算可以揭示水生态系统自身功能量以及为经济社会发展和人类福祉提供各类服务价值量,也可以为水生态资产负债表中负债项的确定提供必要支撑。

3.1.2 核算框架

水生态资产核算分为功能量核算和经济价值量核算。功能量主要是对水生态系统提供的各项服务以实物量的形式进行定量评价。功能量核算主体分经济体和环境,对经济体而言,主要核算水生态系统向人类提供的最终产品和服务量;对环境而言,主要核算水生态系统自身留存的产品和服务量,经济体和环境主体所对应产品和服务量之和即为水生态资产功能总量。水生态资产经济价值量是通过价值评估的方法,将功能量转换成货币的表现形式。水生态资产经济价值量核算主体也包括经济体和环境,通过对两个主体分别对应的最终产品和服务量的价值评估,形成水生态资产经济价值总量。水生态资产核算框架见图3-1。

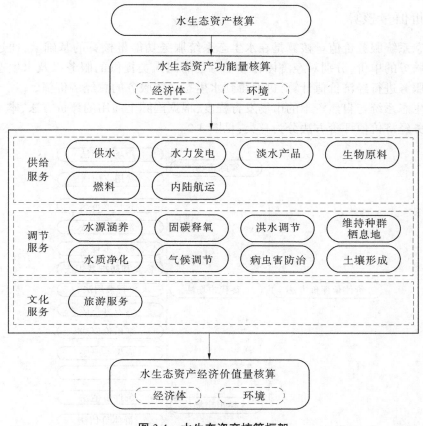

图 3-1　水生态资产核算框架

3.2　核算理论与方法

3.2.1　功能量核算

　　水生态资产提供的各类服务的功能量核算,主要是从实物表现的角度对水生态系统提供的各类服务进行数量上的评价。由于生态系统服务决定于生态系统的属性、功能和过程,不同水生态系统服务的实物表征需要从其功能机制出发,通过分析形成与维持各类服务的具体生态要素,利用适宜的定量方法进行评价。水生态资产功能量核算主要针对供给服务、调节服务和文化服务展开,核算方法包括调查统计、遥感解译、模型模拟等。

　　功能量核算简单直观地反映了水生态资产提供各类服务的多少,避免了价格波动的影响,方便了不同核算期各类服务提供的产品和服务量的比较,以及不同地区相应产品和服务的对比分析。功能量核算是水生态资产核算的重要方面,但由于体现各类服务功能量的量纲不同,功能量核算无法进行汇总形成研究区域某一核算期的总功能量,对分析研究区不同核算期水生态资产变化情况造成了一定的困难。

3.2.2　价值量核算

水生态系统服务价值量核算是在水生态系统服务功能量核算的基础上,通过测算或确定各类服务的单价,分别对经济体和环境对应的向人类提供的服务以及水生态系统自身留存的服务进行经济价值计算,进而得到水生态系统服务的总经济价值。

依据生态系统与自然资本的市场发育程度,根据国际上通用的评价方法,本书将水生态系统服务经济价值评价方法分为三类,见图3-2。

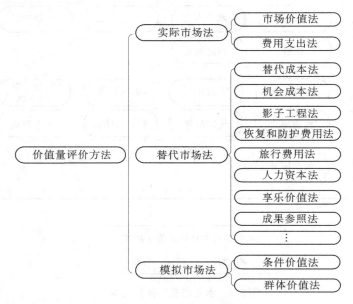

图 3-2　水生态系统服务经济价值评价方法

3.2.2.1　实际市场法

水生态系统所提供的某些服务具有实际市场,并且可通过市场确定各类服务的市场价格,则可运用实际市场法来核算该类服务的经济价值。主要包括市场价值法和费用支出法。

1. 市场价值法

对于具有实际市场价格的生态系统服务,其服务价值由服务的价格与数量乘积来表示。市场价值法是将生态系统看作生产中的要素,生态系统服务的变化将影响生产率和生产成本发生改变,进而影响价格和产出水平的变化,通过这些变化可以得到生态系统服务的价值。市场价值法可细分为市场价格法和生产率变动法。市场价格法主要以市场交易价格作为某项服务的价格标准来计算其价值量。生产率变动法以生产率的变化来反映生态系统服务的价值量。

2. 费用支出法

费用支出法是通过以消费者购买价格来计量最终服务进而评估生态系统服务的价值量。如对某一水利游览景观的旅游服务价值量评价,可用游客支出的总费用作为该项服务的价值量。费用支出法一般又细分为总支出法、区内支出法和部分费用法。

3.2.2.2　替代市场法

某些水生态系统服务在市场中没有交易,无法确定其市场价格,但与该类服务所表现的功能相似的替代品存在市场交易和市场价格,则可以采用替代市场法,以"影子价格"和消费者剩余来核算水生态系统服务的经济价值。主要包括替代成本法、机会成本法、影子工程法、恢复和防护费用法、旅行费用法、人力资本法、享乐价值法和成果参照法等。

1. 替代成本法

替代成本法是最常用的一种生态系统服务价值评价方法,成本法是对生态系统某项服务寻求具有相同功效的人工治理措施,并以该治理措施所需花费为指标,对生态系统某项服务价值量进行价值评估。如水质净化服务中对 COD 的净化价值可通过人工治理 COD 成本进行估算;气候调节服务价值量可由空调和加湿器降温增湿成本来估算;空气净化服务价值量可通过 SO_2、氮氧化物和工业粉尘的治理成果进行估算。

2. 机会成本法

机会成本法主要用于部分生态系统服务因无法由市场直接体现其价值,需以计算该类服务得以保护或用于其他消费时的机会成本来体现其经济价值的情况。机会成本,即为采用某一方案而放弃其他方案所造成的最大经济损失。例如,资源 R 有甲、乙、丙三种开发利用方案。甲、乙两种方案收益可计量,分别为 500 万元和 600 万元,而丙方案收益难以获得,如果按丙方案开发利用 R 资源,相应就丧失了按甲、乙方案使用 R 资源获得收益的机会,甲、乙方案中最大收益为 600 万元,则 600 万元就是资源 R 按丙方案开发利用的机会成本。机会成本法简单实用,常用于某种资源的社会效益不能直接评价的场合,其能为决策者提供直观的决策比较和价值对比。

3. 影子工程法

影子工程法又称为替代工程法,即为了估算生态系统某项服务的价值,通过假设建设一个提供相近功能但并未进行的工程,并以该工程的建设成本来估算该项生态系统服务的价值。如森林具有涵养水源的功能,这种生态系统服务功能很难直接进行价值量化。于是,可以寻找一个替代工程,如修建一座水库,水库蓄水量与森林涵养水源量相同,则修建此水库的费用就是森林涵养水源服务的价值;湿地被侵占,则需另建造一个湿地公园来代替它,湿地公园的建设投资费用就是该湿地的生态服务价值。考虑替代工程的非唯一性,甚至不同替代工程费用差距较大,可以同时假设多种替代工程,在几种类型中选取平均值。

4. 恢复和防护费用法

恢复和防护费用法采取补偿的方法对生态系统某项服务的价值进行评估,即为了减少和消除生态环境恶化对某项生态系统服务的影响而自愿支付的费用。如为了减少洪水损失而建设的各类水库和堤防,为了得到安全卫生的饮用水而购买安装净水设备,为了病虫害控制而开展的人工防治病虫害措施。恢复和防护费用法主要用于实施保护和改善生态环境措施所产生的生态效益的评估。

5. 旅行费用法

旅行费用法主要用于对自然景观提供的观赏、游憩、旅行等文化服务价值量的评价。旅行费用法不是直接利用游憩费用作为文化服务的价值,而是综合门票、交通、住宿及纪念品等各类费用进而推求出文化服务的消费者剩余,以此为基础来估算文化服务价值量。

旅行费用法一般可分为区域旅行费用法、个人旅行费用法和随机效用法。

6. 人力资本法

人力资本法主要是通过衡量生态环境恶化引起人体健康损失来间接估算生态系统破坏形成的损失量。人力资本法以人力资本价值为计算依据，综合考虑了寿命的变化、收入的变化及折现率等因素。

7. 享乐价值法

享乐价值法是以个人喜好为基础，通过对生态系统某项服务的满意程度来反映该服务的价值。享乐价值法需要建立特征价格函数，进而评估人们对某种生态系统服务的支付意愿。它的假设前提就是人们不仅仅考虑商品本身，而且更多地考虑商品及其周围的特性。

8. 成果参照法

成果参照法是一种间接的经济评价方法，主要是通过参考另外一个地区某项生态系统服务的价值，并经修正、调整后来评估本区域该项服务的价值。成果参照法的重点是选择参考区域，该区域与设计区域有相同的生态系统服务，并且参考区域该项服务的价值量可通过一般经济价值评估方法计算得到。

3.2.2.3　模拟市场法

一些水生态系统服务无法从实际市场中获取市场价格，但可通过假想市场，以消费者支付意愿和受偿意愿来估计其价值，称为模拟市场法。其代表性方法为条件价值法和群体价值法。

1. 条件价值法

条件价值法是一种基于调查的用于评价非市场资源或服务价值的经济评估技术。尽管某些资源或服务确实给人们带来了实用性，但它们的某些方面并没有市场价格，使用基于价格的模型难以估价。例如，人们从美丽的水利景观中获得身心愉悦的收益。条件价值法是通过市场调查，了解消费者的支付意愿或者他们对商品或服务数量选择的愿望来评价生态服务功能的价值。

2. 群体价值法

生态经济学在协调生态系统与经济系统的关系上有三个标准观念，即经济效益、生态可持续和社会公平性。从社会公平性角度看，关键问题是生态系统产品和服务价值评价如何包含不同社会群体的公平处理，群体价值法正是基于此点而逐渐发展起来的。群体价值法是通过利益相关者聚集在一起，并不是经过谈判而是通过辩论过程对某商品或某项生态系统服务价值达成共识，更加体现了公平性。

综上所述，不同生态系统服务经济价值评价方法均有自身的适用条件，并存在各自的优缺点。不同的生态系统服务均有适合它的评价方法，某些生态系统服务评价可能需要一些评价方法结合使用。

3.3　水生态资产功能量核算

水生态资产功能量核算指标体系与水生态资产分类保持一致，由供给功能量、调节功能量、文化功能量 3 大类 15 个指标构成。其中，供给功能量核算包括供水功能量、水力发电功能量、淡水产品功能量、生物原料功能量、燃料功能量、内陆航运功能量共 6 项功能量的核算;调节功能量包括水源涵养、固碳释氧、洪水调节、水质净化、气候调节、维持种群栖息地、病虫害防治、土壤形成共 8 项功能量的核算;文化功能量核算仅包括旅游服务功能量的核算。水生态资产功能量核算主体分为经济体和环境。

3.3.1　供给服务功能量核算

3.3.1.1　供水功能量

供水功能量是指水生态系统为人类经济社会用水和环境保持可持续所提供水资源的数量。由于水生态资产主体有经济体和环境之分,供水功能量要对应这两个主体分别核算。供水功能量对应经济体部分包括生活、生产、河道外生态用水量,由水资源公报、水资源年报、国民经济年鉴等统计信息获取;对应环境部分包括河道内保留水量和地下水保留水量。河道内保留水量分为河道内不可利用量和不能够利用量,地下水保留水量主要是浅层地下水资源量可开采量扣减浅层地下水开采量的剩余量。浅层地下水开采量超过可开采量,则地下水保留量计为 0。深层地下水资源数量难以准确评价,并且深层地下水作为应急和战略储备水源,用水量较少,深层地下水开采量以生活、生产用水的形式全部计入经济体,环境主体中不计入深层地下水保留水量。环境主体所对应供水功能量可由水生态系统供水功能总量扣除经济体对应供水功能量得到,经济体供水功能量超过水生态系统供水功能总量时,环境供水功能量为 0。水生态系统供水功能总量在流域层面可通过水量平衡法得到(见式 3-1)。而对于某一特定行政区域,其供水功能总量一般通过区域水权分配予以确定,未实现水权分配区域由区域水量平衡法进行推算(见式 3-2)。

流域层面:
$$W_{供水} = W_{水资源总量} + W_{调入水量} + W_{深层开采量} + W_{浅层超采量} - O_{调出水量} \pm \Delta W \qquad (3\text{-}1)$$

行政区域:
$$W_{供水} = I_{入境} + W_{水资源总量} + W_{调入水量} + W_{深层开采量} + W_{浅层超采量} - O_{出境} - O_{调出水量} \pm \Delta W$$
$$(3\text{-}2)$$

式中　　$W_{供水}$——水生态资产供水功能总量,万 m^3;

$\quad\quad\quad W_{水资源总量}$——水资源总量,万 m^3;

$\quad\quad\quad I_{入境}$——入境水量,万 m^3;

$\quad\quad\quad W_{调入水量}$——外调水量,万 m^3;

$\quad\quad\quad W_{深层开采量}$——深层地下水开采量,万 m^3;

$\quad\quad\quad W_{浅层超采量}$——浅层地下水超采量,万 m^3;

$\quad\quad\quad O_{出境}$——出境水量,万 m^3;

$\quad\quad\quad O_{调出水量}$——调出水量,万 m^3;

$\quad\quad\quad \Delta W$——蓄水量,万 m^3。

3.3.1.2　水力发电功能量

水生态系统水力发电功能量是指某一水生态系统可提供水能资源的数量,其核算内容包括水生态系统的水能蕴藏量(以发电量表示)及已开发利用量。经济体对应已发电量,环境主体对应水能资源未开发利用量,由水能蕴藏量扣除已发电量得到。已发电量可由国民经济统计年鉴查询,区域水能蕴藏量利用伯努利能量方程进行计算,其计算公式为

$$E_{蕴藏} = \sum_{i=1}^{n} 9.81 Q_i H_i \times T \tag{3-3}$$

式中　$E_{蕴藏}$——水能蕴藏量,kW·h;

　　　Q_i——计算河段的年平均流量,m³/s;

　　　H_i——计算河段落差,m;

　　　T——计算时段长,h;

　　　n——河段划分数量。

3.3.1.3　淡水产品功能量

淡水产品功能量主要是指水生态系统可提供淡水产品数量。经济体对应淡水产品总产量,包括各类型淡水产品产量、环境主体对应淡水产品保留量,由水生态系统淡水产品总量扣除淡水产品总产量得到。各类型淡水产品产量可由国民经济统计年鉴查得,而水产品总量在区分为野生水产品和人工养殖水产品基础上,采用不同方法进行估算。人工养殖水产品考虑养殖户追求利益最大化,其养殖产品总量等于产品总产量。而野生水产品在受到保护情况下,其野生分布量要大于人类捕捞量。野生水产品总量可通过鱼类丰度进行估算,其计算公式为

$$F = \sum_{i=1}^{n} f_i A_i \tag{3-4}$$

式中　F——野生水产品总量,t;

　　　f_i——不同水体鱼类丰度,由单位面积野生鱼类重量表示,t/km²;

　　　A_i——不同水体年平均水面面积,km²;

　　　n——水体数量。

3.3.1.4　生物原料功能量

生物原料功能量是指淡水生态系统提供的可用于工业生产的淡水藻类的数量。其核算内容包括淡水藻类总量和已开发利用量。经济体对应淡水藻类总产量,由国民经济统计年鉴查得;环境主体对应淡水藻类保留量,由淡水藻类总量扣除已开发利用量进行估算。淡水藻类总量可通过水体单位面积藻类密度进行估算,其计算公式为

$$Z = \sum_{i=1}^{n} z_i A_i \tag{3-5}$$

式中　Z——淡水藻类总量,t;

　　　z_i——单位面积藻类密度,kg/km²;

　　　A_i——不同水体年平均水面面积,km²;

　　　n——水体数量。

3.3.1.5　燃料功能量

燃料功能量是指淡水生态系统提供的可用作燃料的生物数量,主要种类包括河岸带木材、芦苇、水草等。其核算内容包括燃料生物总量和已开发利用量。经济体对应燃料生物量已开发利用量,可由国民经济统计年鉴查得;环境主体对应燃料生物量保留量,由可

用作燃料生物量总量扣除已开发利用量进行核算。燃料生物量总量可通过不同种类燃料生物量单位面积产量进行估算,其计算公式为

$$R = \sum_{i=1}^{n} r_i A_{燃料生物i} \tag{3-6}$$

式中　　R——燃料生物量总量,t;

r_i——单位面积产量,kg/亩(1 亩 = 1/15 hm², 全书同);

$A_{燃料生物i}$——不同种类燃料生物量面积,亩;

n——可用作燃料的生物种类。

3.3.1.6　内陆航运功能量

内陆航运功能量是指淡水生态系统可提供的内河货物运输周转量和内河客运周转量。经济体对应现有内河货物运输周转量和内河客运周转量,可由交通运输部门提供数据。环境主体对应内陆航运功能未开发利用量,可通过内陆航运总量扣除现有内河货物运输周转量和内河客运周转量进行估算。内陆航运总量可参考其他内陆航运较发达地区或河流予以确定。

3.3.2　调节服务功能量核算

3.3.2.1　水源涵养功能量

水生态系统水源涵养功能量是指水生态系统缓和地表径流、调节河川流量和补充地下水而产生的生态功能量,其核算内容包括湖泊、湿地、水库对地表水的蓄积量和地下水的补给量,计算公式为

$$W_{水源涵养} = W_{湖泊} + W_{湿地} + W_{水库} + W_{地下水补给} \tag{3-7}$$

式中　　$W_{水源涵养}$——水源涵养功能量,万 m³;

$W_{湖泊}$——湖泊年蓄积量,万 m³, ;

$W_{湿地}$——湿地年蓄积量,万 m³;

$W_{水库}$——水库年蓄积量,万 m³;

$W_{地下水补给}$——地下水年补给量,万 m³;

湖泊、湿地、水库对地表水的蓄积量通过计算各水体在核算期内蓄水的变化量来表征,可由各水体逐月来水量和出水量经分析后得到,如果核算期内蓄水的变化量为负值,水体蓄积量计为 0。地下水补给量包括降水入渗补给量、河道渗漏补给量、水库渗漏补给量、湖泊渗漏补给量、湿地渗漏补给量、渠系渗漏补给量、渠灌田间入渗补给量和山前侧向补给量。水源涵养功能量核算主体分为经济体和环境,经济体对应水源涵养功能量包括水库对地表水的蓄积量、水库渗漏补给量、渠系渗漏补给量和渠灌田间入渗补给量,环境对应水源涵养功能量包括湖泊、湿地对地表水的蓄积量和降水入渗补给量、河道渗漏补给量、湖泊入渗补给量、湿地入渗补给量、山前侧向补给量。经济体和环境主体对应水源涵养功能量计算公式为

$$\left. \begin{aligned} W_{水源涵养}^{经济} &= W_{水库} + W_{水库渗漏} + W_{渠系渗漏} + W_{渠灌田间入渗} \\ W_{水源涵养}^{环境} &= W_{湖泊} + W_{湿地} + W_{湖泊入渗} + W_{湿地入渗} + P_r + W_{河道入渗} + W_{山前侧向补给} \end{aligned} \right\} \tag{3-8}$$

式中　$W_{水源涵养}^{经济}$、$W_{水源涵养}^{环境}$——经济体和环境主体对应水源涵养功能量,万 m^3;

$\quad\quad\quad P_r$——降水入渗补给量,万 m^3;

$\quad\quad\quad W_{水库渗漏}$、$W_{湖泊入渗}$、$W_{湿地入渗}$——水库渗漏补给量、湖泊入渗补给量、湿地入渗补给量,万 m^3;

$\quad\quad\quad W_{渠系渗漏}$、$W_{渠灌田间入渗}$、$W_{河道入渗}$、$W_{山前侧向补给}$——渠系渗漏补给量、渠灌田间入渗补给量、河道渗漏补给量和山前侧向补给量,万 m^3;

其他符号意义同前。

3.3.2.2　固碳释氧功能量

绿色植物利用太阳能进行光合作用,以获得生长发育必需的养分。在阳光作用下,绿色植物内部的叶绿体把经由气孔进入叶子内部的 CO_2 和由根部吸收的水转变为碳水化合物,同时释放 O_2。水生态系统内的植物能够吸收大量 CO_2,并释放 O_2,不仅对全球的碳循环有显著的影响,也起到调节大气组分的作用。水生态系统固碳释氧功能量的核算选用固碳功能量和释氧功能量作为评价指标。核算主体分为经济体和环境。

1. 固碳功能量

水生态系统固碳功能量以各类水体水面面积为考量指标,结合各类水体单位面积固碳率,分别核算经济体和环境主体对应水生态系统固碳功能量。其中,经济主体对应水生态系统固碳功能量包括水库、坑塘、沟渠共 3 类水体的核算,环境主体对应水生态系统固碳功能量包括河流、湖泊、湿地、滩涂共 4 类水体的核算。经济体和环境对应水生态系统固碳功能量计算公式为

$$\left.\begin{array}{l} C_{固碳}^{经济} = A_{水库} \times c_{水库} + A_{坑塘} \times c_{坑塘} + A_{沟渠} \times c_{沟渠} \\ \\ C_{固碳}^{环境} = A_{河流} \times c_{河流} + A_{湖泊} \times c_{湖泊} + A_{湿地} \times c_{湿地} + A_{滩涂} \times c_{滩涂} \end{array}\right\} \quad (3\text{-}9)$$

式中　$C_{固碳}^{经济}$、$C_{固碳}^{环境}$——经济体和环境主体对应固碳功能量,t;

$\quad\quad\quad A_{水库}$、$A_{坑塘}$、$A_{沟渠}$、$A_{河流}$、$A_{湖泊}$、$A_{湿地}$、$A_{滩涂}$——水库、坑塘、沟渠、河流、湖泊、湿地、滩涂年均水面面积,km^2;

$\quad\quad\quad c_{水库}$、$c_{坑塘}$、$c_{沟渠}$、$c_{河流}$、$c_{湖泊}$、$c_{湿地}$、$c_{滩涂}$——水库、坑塘、沟渠、河流、湖泊、湿地、滩涂单位面积固碳率,t/km^2。

2. 释氧功能量

水生态系统释氧功能量核算以固碳功能量为指标,通过各类水生态子系统固碳和释氧转换率分别对经济体和环境主体对应释氧功能量进行核算。由于不同植被固碳和释氧转换率并不相同,本书选择藻类光合作用固碳和释氧转换率为核算依据对水生态系统释氧量进行核算。藻类光合作用每固定 1 个单位的碳可产生 2.667 个单位的氧气,则水生态系统固碳和释氧转换率为 2.667,水生态系统释氧功能量计算公式为

$$O_{释氧} = C_{固碳} \times 2.667 \quad (3\text{-}10)$$

式中　$O_{释氧}$——水生态系统释氧功能量,t;

$C_{固碳}$——水生态系统固碳功能量,t。

3.3.2.3 洪水调节功能量

水生态系统洪水调节功能是指湖泊、水库、湿地等具有的削减并滞后洪峰、蓄积洪量、缓解下游洪水造成威胁和损失的功能。其功能量由水库防洪库容、湖泊洪水调蓄能力、湿地洪水调蓄能力来表征。洪水调节功能量核算主体包括经济体和环境。经济体对应洪水调节功能量为水库防洪总库容,环境主体对应洪水调节功能量为湖泊洪水调蓄能力和湿地洪水调蓄能力之和。

1. 水库防洪库容

水库防洪库容是水库防洪限制水位至防洪高水位间的水库容积,是水库为满足下游防护对象的防洪要求,用于蓄滞洪水、发挥其防洪效益的部分。作为水库重要特征值,防洪库容数据可以直接从水库特征表中查取;难以获取此数据时,收集已有水库的调洪总库容和防洪总库容,建立防洪总库容与调洪总库容之间的数量关系,进而推算区域水库防洪库容。

2. 湖泊洪水调蓄能力

参照欧阳志云(2016)在生态系统生产总值核算方法与应用中对湖泊洪水调蓄能力的研究成果,将全国湖泊划分为东部平原、蒙新高原、云贵高原、青藏高原、东北平原与山区 5 个湖区,东部平原湖区平均换水次数约为 3.19 次/a,其余湖区换水次数均按 1 次/a 考虑。按照不同湖区,根据湖面面积与湖泊换水次数,建立了湖泊水量调节能力评价模型,各湖泊分区湖泊水量调节能力计算公式详见式(3-11)。

$$\left. \begin{array}{l} Va_{东部平原} = e^{4.924} \times A_{湖泊}^{1.128} \times 3.19 \\ Va_{蒙新高原} = e^{5.653} \times A_{湖泊}^{0.680} \times 1 \\ Va_{云贵高原} = e^{4.904} \times A_{湖泊}^{0.927} \times 1 \\ Va_{青藏高原} = e^{6.636} \times A_{湖泊}^{0.678} \times 1 \\ Va_{东北平原与山区} = e^{5.808} \times A_{湖泊}^{0.866} \times 1 \end{array} \right\} \quad (3-11)$$

式中　Va——湖泊洪水调蓄能力,万 m^3,分别对应了东部平原、蒙新高原、云贵高原、青藏高原、东北平原与山区 5 个湖区。

$A_{湖泊}$——年均湖面面积,km^2。

3. 湿地洪水调蓄能力

湿地在汛期通过直接接纳洪水,存蓄大量多余水量,减少下游流量;同时湿地植被可拦截径流减缓洪水流速,削减和滞后洪峰,有效地对洪水形成缓冲滞纳作用,因此通过构建沼泽土壤蓄水量和地表滞水量模型可以较好地估算湿地洪水调蓄能力。但模型中单位面积沼泽土壤蓄水能力估值的困难,严重影响了模型的计算可靠性。本书通过建立基于湿地面积和湿地最大蓄水位差的模型,计算湿地洪水调蓄能力,其计算公式为

$$Va_{湿地} = A_{湿地} \times \Delta h_{湿地} \quad (3-12)$$

式中　$Va_{湿地}$——湿地洪水调蓄能力,万 m^3;

$A_{湿地}$——湿地年平均面积,km^2;

$\Delta h_{湿地}$——湿地最大蓄水位与常年枯水期蓄水位之差,m。

3.3.2.4　水质净化功能量

水生态系统水质净化功能量是水生态系统通过一系列物理和生化过程对进入其中的污染物进行吸附、转化及生物吸收等,使水体生态功能部分或完全恢复至初始状态的能力。水质净化功能量核算主体包括经济体和环境,核算对象为区域内所有可更新淡水水体,包括河流、水库、湖泊及湿地。常用衡量指标包括 COD、氨氮、总磷以及部分重金属等。水质净化功能量核算过程应以水功能区划为基本单元,通过对比分析各水功能区划污染物排放量和纳污能力的高低,分别确定经济体和环境主体水质净化功能量。如果某一水功能区污染物排放量超过该功能区水体纳污能力,经济体水质净化功能量为该水功能区水体纳污能力,而环境主体水质净化功能量为 0;如果污染物排放量未超过水体纳污能力,污染物排放量即为经济体水质净化功能量,环境主体水质净化功能量为功能区水体纳污能力与污染物排放量差值。各水功能区经济体和环境主体水质净化功能量汇总后,分别形成区域经济体水质净化功能总量和环境水质净化功能总量。

污染物排放量可由水环境监测报告获得,而水体纳污能力应参考公式法、模型试错法、系统优化法、概率稀释模型法等方法,根据《水域纳污能力计算规程》(GB/T 25173—2010)的规定,结合区域水环境和水功能区实际进行计算。水体环境容量分为稀释容量和自净容量,对于河流水环境纳污能力,采用完全混合河段水质模型,按河流水功能区划逐段计算河流水环境容量。湖泊、水库水环境纳污能力计算应按衡量指标选用不同的水质模型,有机物 COD 和氨氮的水环境纳污能力可选用完全均匀混合箱体水质模型来预测,而总氮、总磷的水环境纳污能力可采用吉柯奈尔–迪龙(Kirchner-Dillon)水库营养物浓度预测模型来反映水体长期的动态变化。湿地水环境纳污能力可通过典型试验获得不同污染物净化量指标,进而推算整个湿地水环境纳污能力。

3.3.2.5　气候调节功能量

水生态系统气候调节功能是指水生态系统通过水面蒸发过程降低气温、增加空气湿度,从而改善人居环境舒适程度的生态效应。选用水生态系统降温增湿消耗的能量作为水生态系统气候调节功能量的评价指标。气候调节功能量核算主体包括经济体和环境。经济体对应气候调节功能量核算主要是对水库、坑塘、沟渠降温增湿消耗能量进行核算,而环境主体则包括河流、湖泊、湿地、滩涂降温增湿消耗能量的核算。经济体和环境主体所对应气候调节功能量的核算应在单位水面蒸发消耗能量计算基础上,分别对应各自所包含的淡水水面面积进行衡量。单位水面蒸发消耗能量计算公式为

$$CR_{气候调节} = E \times \left(\frac{Y}{n_e \times 3\ 600} + \frac{\gamma}{1\ 000} \right) \tag{3-13}$$

式中　$CR_{气候调节}$——单位水面蒸发消耗能量,kW·h;

　　　　E——水面蒸发量,mm;

　　　　Y——水的汽化热,kJ/kg,在 100 ℃、1 标准大气压下水的汽化热为 2 260 kJ/kg;

　　　　n_e——空调制冷时能效比,一般取 3.3;

　　　　γ——加湿器将 1 m³ 水转化为蒸汽的耗电量,kW·h。

3.3.2.6　维持种群栖息地功能量

栖息地是动植物能够在其中正常的生活、生长、繁殖、居住的场所,为生物和生物群落

提供生命繁衍所必需的空间、食物、水源以及庇护所等。栖息地功能在很大程度上受到水域连通性和范围大小的影响。宽阔、互相连接的水域通常比在狭窄的、性质都相似的并且较分散的水域内存在着更多的生物多样性。水生态系统为多种生物种群提供了生存的空间和环境条件,维持了生物的多样性,其功能量主要由淡水水面面积来表征。水生态系统维持种群栖息地功能量核算主体分为经济体和环境,经济体对应水库年平均水面面积,环境主体对应河流、湖泊、湿地年平均水面面积。

3.3.2.7　病虫害防治功能量

大规模单一水生植物的种植,容易诱发特定害虫的猖獗,而复杂的群落通过提高物种多样性水平增加天敌而降低植食性昆虫的种群数量,达到病虫害控制的目的。水生态系统病虫害控制功能是指水生态系统中自然复杂植物群落减少和控制病虫害的能力,其功能量以发生病虫害的区域依靠水生态系统的病虫害控制而达到自愈的面积作为表征。病虫害防治功能量核算主体只包括环境。

3.3.2.8　土壤形成功能量

土壤形成功能是水流中所含泥沙、矿物质和有机质随着流速的减慢而沉积,在平原、河道、水库、湖泊或湿地等水体中形成肥沃土壤的功能。土壤形成功能量核算主体包括经济体和环境,其功能量由土壤形成面积来表征。经济体功能量主要是水库中所形成肥沃土壤折合耕地面积,环境主体功能量包括河道、河漫滩、蓄滞洪区、湖泊和湿地等所形成肥沃土壤折合耕地面积。

3.3.3　文化服务功能量核算

水生态系统的文化功能是指人们通过精神感受、知识获取、主观印象、消遣娱乐和美学体验从水生态系统中获得的非物质利益,主要包括以水生态系统为基础形成并发展的颇具特色的文化多样性、知识系统(传统的和正式的)、教育价值、灵感、美学价值等;此外,还包括由水生态系统独特的自然景观、气候特色和民族特色、人文特色和地缘优势构成的得天独厚的水生态旅游资源。

本次核算文化服务功能量仅包括旅游服务功能量,其只对应经济体,而环境主体不含有旅游服务功能量。经济体旅游服务功能量采用水利旅游景观年旅游总人次作为核算指标,其计算公式为

$$R = \sum_{i=1}^{n} R_i \tag{3-14}$$

式中　　R——年旅游总人次,万人;

R_i——各水利旅游景观点年旅游总人次,万人;

n——水利旅游景点数。

3.4　水生态资产价值量核算

水生态资产价值量核算以水生态资产功能量为基础,运用实际市场法、替代市场法或模拟市场法,分别对经济体和环境主体所对应水生态系统提供的各项服务进行价值量核

算,进而获得水生态资产经济价值量。

3.4.1　供给服务价值量核算

水生态系统供给服务价值是指水生态系统提供的产品可以满足人类生产与发展的物质需求所产生的价值。由于水生态系统提供的产品能够在市场上进行交易,存在相应的市场价格,可以对交易行为所产生的价值进行估算,进而得到该种产品的价值。运用市场价值法和替代成本法对水生态系统的供给服务进行价值评估。

3.4.1.1　供水价值量

供水价值量核算以供水功能量为基准,分别对经济体和环境进行核算。经济体对应供水价值量采用市场价值法进行核算,将城镇生活用水、农村生活用水、农业用水、工业用水、建筑业用水、服务业用水作为考量指标,结合各类型用水现行水价,进而衡量经济体供水价值量,计算公式为

$$V_{经济供水} = \sum_{i=1}^{n} (w_{经济供水}^{i} \times P_i) \tag{3-15}$$

式中　$V_{经济供水}$——经济体对应供水价值量,万元;

$w_{经济供水}^{i}$——第 i 类用水户的供水量,万 m^3;

P_i——第 i 类用水户供水单价,元/m^3;

n——供水户类型数量。

环境主体所对应供水价值量采用替代成本法计算,由环境主体所对应供水功能量与单位平均供水价值相乘进行估算。单位平均供水价值则通过经济体供水价值量与供水功能量进行推算。环境主体所对应供水价值量计算公式为

$$V_{环境供水} = W_{环境供水} \times \frac{V_{经济供水}}{W_{经济供水}} \tag{3-16}$$

式中　$V_{环境供水}$——环境主体对应供水价值量,万元;

$W_{环境供水}$——环境主体对应供水功能量,万 m^3;

$W_{经济供水}$——经济体对应供水功能量,万 m^3。

3.4.1.2　水力发电价值量

水力发电价值量通过市场价值法进行核算。环境主体和经济体对应水力发电价值量均由各自水力发电功能量与现行水力发电上网电价单价乘积而得,其中现行水力发电上网电价从电力部门获得。经济体和环境主体对应水力发电价值量计算公式分别为

$$\left. \begin{array}{l} EV_{经济} = E_{经济} \times P_{水电} \\ EV_{环境} = (E_{蕴藏} - E_{经济}) \times P_{水电} \end{array} \right\} \tag{3-17}$$

式中　$EV_{经济}$——经济体对应水力发电价值量,万元;

$EV_{环境}$——环境主体对应水力发电价值量,万元;

$E_{经济}$——经济体对应水力发电量,kW·h;

$E_{蕴藏}$——水能蕴藏量,kW·h;

$P_{水电}$——现行水力发电上网电价,元/(kW·h)。

3.4.1.3　淡水产品价值量

淡水产品价值量是指水生态系统提供淡水产品所具有的价值,采用市场价值法进行核算,其核算主体包括经济体和环境。对于经济体,淡水产品价值量将各类型淡水产品产量作为考量指标,结合现行市场单价衡量其价值,计算公式为

$$V_{淡水产品}^{经济} = \sum_{i=1}^{n} \left(Q_{人工i} \times P_{人工i} + Q_{野生i} \times P_{野生i} \right) \tag{3-18}$$

式中　$V_{淡水产品}^{经济}$——经济体对应淡水产品价值量,万元;

$Q_{人工i}$、$Q_{野生i}$——第 i 类淡水产品人工养殖和野生产量,t;

$P_{人工i}$、$P_{野生i}$——第 i 类淡水产品人工养殖和野生市场单价,元/t;

n——淡水产品种类。

环境主体对应淡水产品价值量的核算需要推求水生态系统淡水产品总价值。淡水产品总价值由野生水产品总价值和人工养殖水产品总价值构成。人工养殖水产品总价值可将各类型淡水产品养殖量作为考量指标,结合现行市场单价衡量其价值。考虑淡水产品人工养殖量一般情况下等于产品产量,人工养殖水产品总价值可直接由经济体淡水产品价值量中人工养殖部分得到。而野生水产品总价值由各水体不同类型野生淡水产品总量结合现行市场单价估算其总价值,其计算公式为

$$V_{野生水产品} = \sum_{j=1}^{m} \sum_{i=1}^{n} f_j A_j \alpha_{淡水产品j}^{i} \times P_{野生i} \tag{3-19}$$

式中　$V_{野生水产品}$——野生水产品总价值,万元;

f_j——第 j 类水体鱼类丰度,由单位面积野生淡水产品重量表示,t/km²;

A_j——第 j 类水体年平均水面面积,km²;

$\alpha_{淡水产品j}^{i}$——第 j 类水体第 i 类野生淡水产品权重,可通过典型捕捞试验获取;

m——水体数量;

其他符号意义同前。

环境主体淡水产品价值量可由水生态系统淡水产品总价值扣除经济体淡水产品价值而获得,也可通过野生水产品总价值扣除经济体淡水产品价值量中野生水产品部分得到,其计算公式为

$$V_{淡水产品}^{环境} = V_{淡水} - V_{淡水产品}^{经济} = V_{野生水产品} + \sum_{i=1}^{n} Q_{人工i} \times P_{人工i} - V_{淡水产品}^{经济}$$

$$= V_{野生水产品} - \sum_{i=1}^{n} Q_{野生i} \times P_{野生i} \tag{3-20}$$

式中　$V_{淡水产品}^{环境}$——环境主体淡水产品价值量,万元;

$V_{淡水}$——淡水产品总价值,万元;

其他符号意义同前。

3.4.1.4　生物原料价值量

生物原料价值量指淡水生态系统提供的可用于工业生产的淡水藻类所具有的价值量,其核算内容包括淡水藻类总价值量和已开发利用价值量。生物原料价值量核算主体也分为经济体和环境。经济体对应生物原料价值量核算直接将各类型淡水藻类产量作为

考量指标,结合现行市场单价,进而衡量其价值量,其计算公式为

$$V_{\text{淡水藻类}}^{\text{经济}} = \sum_{i=1}^{n} Q_{\text{淡水藻类}i} \times P_{\text{淡水藻类}i} \tag{3-21}$$

式中　$V_{\text{淡水藻类}}^{\text{经济}}$——经济体对应淡水藻类价值量,万元;

$Q_{\text{淡水藻类}i}$——第 i 类淡水藻类产量,t;

$P_{\text{淡水藻类}i}$——第 i 类淡水藻类市场单价,元/t;

n——淡水藻类产品种类。

环境主体对应生物原料价值量由淡水藻类价值总量扣除经济体对应生物原料价值量进行估算。淡水藻类价值总量由各类型淡水藻类总量与现行市场单价相乘得到,则环境主体对应生物原料价值量计算公式为

$$V_{\text{淡水藻类}}^{\text{环境}} = V_{\text{淡水藻类}} - V_{\text{淡水藻类}}^{\text{经济}}$$

$$= \sum_{j=1}^{m} \sum_{i=1}^{n} z_j A_j \alpha_{\text{淡水藻类}j}^{i} \times P_{\text{淡水藻类}i} - V_{\text{淡水藻类}}^{\text{经济}} \tag{3-22}$$

式中　$V_{\text{淡水藻类}}^{\text{环境}}$——环境对应淡水藻类价值量,万元;

$V_{\text{淡水藻类}}$——淡水藻类价值总量,万元;

z_j——单位面积藻类密度,kg/km^2;

A_j——第 j 类水体年平均水面面积,km^2;

$\alpha_{\text{淡水藻类}j}^{i}$——第 j 类水体第 i 类淡水藻类权重,可通过典型试验获取;

m——水体数量;

其他符号意义同前。

3.4.1.5　燃料价值量

燃料价值量是指淡水生态系统提供的可用作燃料的生物所具有的价值量。价值量核算包括经济体燃料价值量和环境燃料价值量核算,核算方法同生物原料价值量,其计算公式分别为

$$V_{\text{燃料}}^{\text{经济}} = \sum_{i=1}^{n} R_{\text{燃料生物}i} \times P_{\text{燃料生物}i} \tag{3-23}$$

$$V_{\text{燃料}}^{\text{环境}} = V_{\text{燃料}} - V_{\text{燃料}}^{\text{经济}} = \sum_{i=1}^{n} (r_i A_{\text{燃料生物}i} \times P_{\text{燃料生物}i}) - V_{\text{燃料}}^{\text{经济}} \tag{3-24}$$

式中　$V_{\text{燃料}}$——燃料生物总价值量,万元;

$V_{\text{燃料}}^{\text{经济}}$——经济体对应燃料生物价值量,万元;

$V_{\text{燃料}}^{\text{环境}}$——环境主体对应燃料生物价值量,万元;

$R_{\text{燃料生物}i}$——第 i 类燃料生物利用量,t;

$P_{\text{燃料生物}i}$——第 i 类燃料生物市场单价,元/t;

r_i——第 i 类燃料生物单位面积产量,kg/亩;

$A_{\text{燃料生物}i}$——不同种类燃料生物面积,亩;

n——可用作燃料的生物种类。

3.4.1.6　内陆航运价值量

内陆航运价值量是指淡水生态系统所提供的内河货物运输和旅客运输所产生的价值

总量。经济体对应内陆航运价值量包括现有内河货物运输价值量和内河客运价值量,计算公式为

$$V_{内河}^{经济} = H_{内货} \times P_{货运} + H_{内客} \times P_{客运} \tag{3-25}$$

式中　$V_{内河}^{经济}$——经济体对应内陆航运价值量,万元;

　　　　$H_{内货}$——内河货物运输周转量,t·km/a;

　　　　$H_{内客}$——内河客运周转量,人·km/a;

　　　　$P_{货运}$——内河货运单位价格,元/(t·km)

　　　　$P_{客运}$——内河客运单位价格,元/(人·km)。

环境主体对应的内陆航运价值量为尚未开发利用的内陆航运价值量,可通过内陆航运价值总量扣除经济体对应内陆航运价值量进行估算。内陆航运价值总量可参考其他内陆航运较发达地区或河流的货物运输周转量和内河客运周转量,并结合核算地区内河货物运输和客运单位价格衡量其价值量。环境主体对应的内陆航运价值量计算公式为

$$\begin{aligned}
V_{内河}^{环境} &= V_{内河} - V_{内河}^{经济} \\
&= CH_{内货} \times P_{货运} + CH_{内客} \times P_{客运} - (H_{内货} \times P_{货运} + H_{内客} \times P_{客运}) \\
&= (CH_{内货} - H_{内货}) \times P_{货运} + (CH_{内客} - H_{内客}) \times P_{客运}
\end{aligned} \tag{3-26}$$

式中　$V_{内河}^{环境}$——环境主体对应内陆航运价值量,万元;

　　　　$V_{内河}$——内陆航运价值总量,万元;

　　　　$CH_{内货}$——参考地区或河流内河货物运输周转量,t·km/a;

　　　　$CH_{内客}$——参考地区或河流内河客运周转量,人·km/a;

　　　　其他符号意义同前。

3.4.2　调节服务价值量核算

3.4.2.1　水源涵养价值量

水生态系统水源涵养价值主要表现在各水体蓄积水量所能产生的经济价值。采用替代成本法,以水生态系统水源涵养功能量作为衡量指标,结合单位平均供水价值,分别对经济体和环境主体对应水源涵养价值量进行核算。单位平均供水价值直接利用水生态系统供水总价值量核算中计算结果,则水源涵养价值量计算公式为

$$V_{水源涵养} = V_{水源涵养}^{经济} + V_{水源涵养}^{环境} = (W_{水源涵养}^{经济} + W_{水源涵养}^{环境}) \times \frac{V_{经济供水}}{W_{经济供水}} \tag{3-27}$$

式中　$V_{水源涵养}$——水源涵养价值量,万元;

　　　　$V_{水源涵养}^{经济}$、$V_{水源涵养}^{环境}$——经济体和环境主体对应水源涵养价值量,万元;

　　　　$W_{水源涵养}^{经济}$、$W_{水源涵养}^{环境}$——经济体和环境主体对应水源涵养功能量,万 m^3;

　　　　$V_{经济供水}$——经济体对应供水价值量,万元;

　　　　$W_{经济供水}$——经济体对应供水功能量,万 m^3。

3.4.2.2　固碳释氧价值量

生态系统固碳价值量核算常用的方法有碳税法、碳交易价格、造林成本法、工业减排法等,其中采用较多的是造林成本法和瑞典的碳税法。释氧价值主要采用工业制氧法、造林成本法来评估。本次采用造林成本法和工业制氧成本法分别评价水生态系统固碳和释

氧的经济价值。

1. 固碳价值量

$$V_{固碳} = V_{固碳}^{经济} + V_{固碳}^{环境} = (C_{固碳}^{经济} + C_{固碳}^{环境}) \times CM_{造林} \tag{3-28}$$

式中　$V_{固碳}$、$V_{固碳}^{经济}$、$V_{固碳}^{环境}$——水生态系统固碳总价值、经济体和环境主体对应固碳价值量，万元；

$C_{固碳}^{经济}$、$C_{固碳}^{环境}$——经济体和环境主体对应固碳功能量，t；

$CM_{造林}$——造林成本，元/t。

2. 释氧价值量

$$V_{释氧} = O_{释氧} \times P_0 = (O_{释氧}^{经济} + O_{释氧}^{环境}) \times P_0 \tag{3-29}$$

式中　$V_{释氧}$——水生态系统释氧价值量，万元；

$O_{释氧}$、$O_{释氧}^{经济}$、$O_{释氧}^{环境}$——水生态系统释氧功能总量、经济体和环境主体对应释氧功能量，t；

P_0——工业制氧价格，元/t。

3.4.2.3　洪水调节价值量

洪水调节价值主要体现在减轻洪水威胁的经济价值。水生态系统的洪水调节功能与水库的作用非常相似，运用影子工程法，通过水库建设的费用成本来核算水生态系统的洪水调节价值量。分别以经济体和环境主体所对应水库防洪总库容、湖泊和湿地洪水调蓄能力为衡量指标，参考单位水库库容造价，核算经济体和环境主体对应洪水调节价值量。水生态系统洪水调节价值量计算公式为

$$V_{洪水调节} = (Va_{水库} + Va_{湖泊} + Va_{湿地}) \times P_{水库} \tag{3-30}$$

式中　$V_{洪水调节}$——水生态系统洪水调节价值量，万元；

$Va_{水库}$、$Va_{湖泊}$、$Va_{湿地}$——水库防洪总库容、湖泊洪水调蓄能力和湿地洪水调蓄能力，万 m^3；

$P_{水库}$——单位水库库容造价，元/m^3。

3.4.2.4　水质净化价值量

水生态系统水质净化价值指水生态系统通过自身的自然生态过程和物质循环作用降低水体中的污染物质浓度、水体得到净化所产生的生态效应。目前使用较为广泛的水质净化价值量方法是影子工程法和支出费用法。影子工程法以替代该功能而建设污水处理厂的价格评估水生态系统中各水体水质净化功能价值，由于各地生产力水平发展不均衡，替代成本法应以当地污水处理厂处理某种污染物的单价来表示水生态系统中某种污染物净化的价值量更加客观。替代成本法，通过工业治理水体污染物的成本来评估水生态系统水质净化功能的价值。水质净化价值量由经济体和环境水质净化价值量两部分构成。经济体对应水质净化功能价值量核算时，当污染物排放量不超过水体纳污能力，采用相应污染物的工程治理成本乘以排放量来核算其价值；如果污染物排放量超过水体纳污能力，则采用水生态系统水体纳污能力与污染物治理成本的乘积核算其价值。如果污染物排放量超过水体纳污能力，环境主体对应水质净化价值量为0；反之，环境主体水质净化价值量为环境主体水质净化功能总量与相应污染物的工程治理成本的乘积。经济体和环境主体水质净化功能价值量计算公式为

$$
\left.\begin{aligned}
V^{经济}_{水质净化} &= \sum_{i=1}^{n} Q_{污染物i} \times P_{治理i} \quad (Q_{污染物i} \leqslant TQ_{污染物i}) \\
V^{经济}_{水质净化} &= \sum_{i=1}^{n} TQ_{污染物i} \times P_{治理i} \quad (Q_{污染物i} > TQ_{污染物i})
\end{aligned}\right\}
\tag{3-31}
$$

$$
\left.\begin{aligned}
V^{环境}_{水质净化} &= \sum_{i=1}^{n} (TQ_{污染物i} - Q_{污染物i}) \times P_{治理i} \quad (Q_{污染物i} \leqslant TQ_{污染物i}) \\
V^{环境}_{水质净化} &= 0 \quad (Q_{污染物i} > TQ_{污染物i})
\end{aligned}\right\}
\tag{3-32}
$$

式中　$V^{经济}_{水质净化}$、$V^{环境}_{水质净化}$——经济体、环境主体对应水质净化价值量,万元;

$\quad\quad Q_{污染物i}$——第 i 类污染物排放量,t/a;

$\quad\quad TQ_{污染物i}$——第 i 类污染物水环境纳污能力,t/a;

$\quad\quad P_{治理i}$——第 i 类污染物治理成本,元/t;

$\quad\quad n$——污染物种类。

3.4.2.5　气候调节价值量

气候调节价值量是指水面蒸发过程中使大气温度降低、湿度增加产生的生态价值量,一般采用替代成本法进行核算。即在气候调节功能量核算的基础上,结合核算区域一般生活用电价格,分别核算经济体和环境主体所对应气候调节价值量,进而推算水生态系统气候调节总价值量,其计算公式为

$$
V_{气候调节} = V^{经济体}_{气候调节} + V^{环境}_{气候调节} = CR_{气候调节} \times A_{水面} \times P_{电价}
\tag{3-33}
$$

式中　$V_{气候调节}$——气候调节总价值量,万元;

$\quad\quad V^{经济体}_{气候调节}$——经济体对应气候调节价值量,万元;

$\quad\quad V^{环境}_{气候调节}$——环境主体对应气候调节价值量,万元;

$\quad\quad CR_{气候调节}$——单位水面蒸发消耗能量,kW·h;

$\quad\quad P_{电价}$——一般生活用电价格,元/(kW·h);

$\quad\quad A_{水面}$——淡水水面面积,km²,包括水库、坑塘、沟渠、河流、湖泊、湿地、滩涂年均水面面积。

3.4.2.6　维持种群栖息地价值量

水生态系统维持种群栖息地价值主要体现在水生态系统中栖息地对多种生物和生物群落提供生存空间而形成的维系生物多样性上,其价值量可通过维系生物多样性价值量进行核算。本书采用成果参数法,以经济体和环境主体对应水面面积为指标,分别核算其维持种群栖息地价值量,计算公式为

$$
V_{维持栖息地} = A_{水面} \times BIO_r
\tag{3-34}
$$

式中　$V_{维持栖息地}$——维持种群栖息地价值量,万元;

$\quad\quad A_{水面}$——淡水水面面积,km²,包括河流、湖泊、湿地和水库水面面积;

$\quad\quad BIO_r$——参考单位面积淡水生物多样性维持价值,万元/km²。

3.4.2.7　病虫害防治价值量

水生态系统病虫害防治价值是水生态系统通过提高生物多样性水平增加天敌而降低植食性昆虫的种群数量,达到病虫害控制而产生的生态效应,其主要包括河岸带木材、芦

苇等病虫害控制价值。病虫害防治价值量核算采用防护费用法,以人工防护治理病虫害的费用予以衡量,全部列入环境主体,其计算公式为

$$V_{病虫害防治} = FS_{河岸带木材} \times FP + RS_{芦苇} \times RP \qquad (3\text{-}35)$$

式中　$V_{病虫害防治}$——病虫害防治价值量,万元;

　　　$FS_{河岸带木材}$——河岸带木材发生病虫害且达到自愈的面积,km^2;

　　　$RS_{芦苇}$——芦苇发生病虫害且达到自愈的面积,km^2;

　　　FP——单位面积河岸带木材病虫害防治费用,元/km^2;

　　　RP——单位面积芦苇病虫害防治费用,元/km^2。

3.4.2.8　土壤形成价值量

土壤形成价值是水生态系统在平原、河道、水库、湖泊或湿地等形成肥沃土壤所产生的总收益。其价值量核算采用机会成本法,即以所形成肥沃土壤折合耕地而产生的总效益作为土壤形成价值量,包括经济体对应土壤形成价值量和环境主体对应土壤形成价值量。土壤形成价值量计算公式为

$$V_{土壤形成} = \sum_{i=1}^{n} ZS_{土壤折耕地i} \times CP \qquad (3\text{-}36)$$

式中　$V_{土壤形成}$——土壤形成价值量,万元;

　　　$ZS_{土壤折耕地i}$——第 i 类水体所形成肥沃土壤折合耕地面积,hm^2;

　　　CP——单位面积耕地所产生效益,元/hm^2。

3.4.3　文化服务价值量核算

自然水景观为人类提供美学价值、灵感、教育价值等非物质惠益,其承载的价值对社会具有重大的意义。本次选用自然水景观的旅游服务价值,作为评估水生态系统文化服务价值量的指标。旅游服务价值量的核算主体只考虑经济体,其核算方法采用替代成本法,通过评价消费者支出总费用来推算旅游服务价值量。消费者支出分为旅行费用和旅行时间价值,其中旅行费用包括交通费用、食宿费用、门票、拍摄相片、购买特产纪念品等费用;旅行时间价值是旅行花费时间的机会成本,一般用机会工资成本替代,则旅游服务价值量计算公式为

$$V_{水利旅游} = \sum_{i=1}^{n} R_i \times CC_i = \sum_{i=1}^{n} R_i \times (TC_i + H_i W_{工资}) \qquad (3\text{-}37)$$

式中　$V_{水利旅游}$——水利景观旅游服务价值量,万元;

　　　R_i——第 i 个水利旅游景点年旅游总人次,万人;

　　　CC_i——第 i 个水利旅游景点消费者平均支出,元/人;

　　　TC_i——第 i 个水利旅游景点消费者平均旅行费用,元/人;

　　　H_i——游客在第 i 个水利旅游景点的平均游览时间,h;

　　　$W_{工资}$——社会平均工资率,元/h;

　　　n——水利旅游景点数。

3.5　小　结

　　本章主要介绍了水生态资产核算的思路与方法。水生态资产核算分别从水生态功能量和水生态经济价值量两个维度进行,核算主体分为经济体和环境。水生态功能量和水生态经济价值量均遵循总功能量或经济价值总量等于经济体与环境主体水生态功能量或经济价值量之和这一恒等关系。在对水生态资产所提供的 6 类供给服务、8 项调节服务、1 项文化服务共 3 大类 15 项产品和服务在功能量上核算的基础上,结合市场价值法、造林成本法和工业制氧成本法、影子工程法、替代成本法、成果参数法、防护费用法、机会成本法、旅行费用法、条件价值法等生态系统服务价值评估方法,对水生态资产进行了价值量核算。水生态资产各类服务功能量和价值量核算方法详见表 3-1。

表3-1 水生态资产各类服务功能量和价值量核算方法汇总

分类		功能量		价值量		
大类	亚类	环境	经济体	评价方法	环境 计算公式	经济体 计算公式
供给服务	供水	水生态系统供水功能总量扣除经济体供水功能量，$W_{环境供水}=W_{供水}-W_{经济供水}$	生活、生产、河道外生态用水之和，$W_{经济供水}=W_{生活}+W_{生产}+W_{生态}$	市场价值法	$V_{环境供水}=V_{供水}-V_{经济供水}=W_{环境供水}\times\dfrac{V_{经济供水}}{W_{经济供水}}$	$V_{经济供水}=\sum_{i=1}^{n}(w_{经济供水}^{i}\times P_{i})$
	水力发电	水能蕴藏量扣除已发电量，$E_{环境}=E_{蕴藏量}-E_{已发电量}$	利用水能已发电量，$E_{环境}=E_{蕴藏量}-E_{已发电量}$		$EV_{环境}=(E_{蕴藏量}-E_{经济})\times P_{水电}$	$EV_{经济}=E_{经济}\times P_{水电}$
	淡水产品	水生态系统淡水产品总量扣除淡水产品总量扣除野生淡水产品产量，$Q_{淡水产品}^{环境}=\sum_{j=1}^{n}f_jA_j-\sum_{i=1}^{n}Q_{野生}$	各类型淡水产品产量之和，$Q_{淡水产品}=\sum_{i=1}^{n}(Q_{人工}+Q_{野生})$	替代成本法	$V_{淡水产品}^{环境}=V_{淡水}-V_{淡水产品}^{经济}=V_{野生水产品}-\sum_{i=1}^{n}Q_{野生i}\times P_{野生}$	$V_{淡水产品}^{经济}=\sum_{i=1}^{n}(Q_{人工}\times P_{人工}+Q_{野生i}\times P_{野生})$
	生物原料	淡水藻类总量扣除已开发利用量，$Z_{环境}=\sum_{i=1}^{n}z_iA_i-Z_{淡水藻类}^{经济}$	各类型淡水藻类开发利用量之和，$Z_{淡水藻类}^{经济}=\sum_{i=1}^{n}Q_{淡水藻类}$		$V_{淡水藻类}^{环境}=V_{淡水藻类}-V_{淡水藻类}^{经济}=\sum_{j=1}^{m}\sum_{i=1}^{n}z_jA_j^i\times P_{淡水藻类}-V_{淡水藻类}^{经济}$	$V_{淡水藻类}^{经济}=\sum_{i=1}^{n}Q_{淡水藻类}\times P_{淡水藻类}$

续表 3-1

分类		功能量			价值量			
大类	亚类	环境	经济体	评价方法	环境 计算公式	评价方法	经济体 计算公式	
供给服务	燃料	可用作燃料生物量总量，扣除已开发利用量，$R^{环境}_{燃料}=\sum_{i=1}^{n}r_iA_i-R^{经济}_{燃料}$	各类型燃料生物量利用量之和，$R^{经济}_{燃料}=\sum_{i=1}^{n}R_{燃料生物_i}$	市场价值法	$V^{环境}_{燃料}=V_{燃料}-V^{经济}_{燃料}=\sum_{i=1}^{n}(r_iA_{燃料生物_i}\times P_{燃料生物_i})-V^{经济}_{燃料}$	市场价值法	$V^{经济}_{燃料}=\sum_{i=1}^{n}R_{燃料生物_i}\times P_{燃料生物_i}$	
供给服务	内陆航运	内陆航运总量扣除现有内河货物运输周转量和内河客运周转量，$H^{环境}_{内河}=(CH_{内货}-H_{内货})+(CH_{内客}-H_{内客})$	现有内河货物运输周转量，内河客运周转量，$H^{经济}_{内河}=H_{内货}+H_{内客}$	替代成本法	$V^{环境}_{内河}=V_{内河}-V^{经济}_{内河}=(CH_{内货}-H_{内货})\times P_{货运}+(CH_{内客}-H_{内客})\times P_{客运}$	市场价值法	$V^{经济}_{内河}=H_{内货}\times P_{货运}+H_{内客}\times P_{客运}$	
调节服务	水源涵养	湖泊、湿地对地表水的蓄积量，河道和降水入渗补给量，湖泊入渗补给量，山前侧向补给量，$W^{环境}_{水源涵养}=W_{湖泊}+W_{湿地}+W_{湖泊入渗}+W_{湿地入渗}+P_r+W_{河道入渗}+W_{山前侧向补给}$	水库对地表水的蓄积量，渠系渗漏补给量和渠灌田间入渗补给量，$W^{经济}_{水源涵养}=W_{水库}+W_{渠系渗漏}+W_{渠灌田间入渗}$	替代成本法	$V^{环境}_{水源涵养}=W^{环境}_{水源涵养}\times\dfrac{V_{经济供水}}{W_{经济供水}}$	替代成本法	$V^{经济}_{水源涵养}=W^{经济}_{水源涵养}\times\dfrac{V_{经济供水}}{W_{经济供水}}$	

续表 3-1

分类		功能量		价值量			
大类	亚类	环境	经济体	环境		经济体	
		计算公式		评价方法	计算公式	评价方法	计算公式
调节服务	固碳释氧	河流、湖泊、湿地、滩涂 4 类水体的水面面积分别与单位面积固碳率和释氧率乘积，$C^{环境}_{固碳释氧}=(A_{河流}\times c_{河流}+A_{湖泊}\times c_{湖泊}+A_{湿地}\times c_{湿地}+A_{滩涂}\times c_{滩涂})\times(1+2.667)$	水库、坑塘、沟渠共 3 类水体的水面面积分别与单位面积固碳率和释氧率乘积，$C^{经济}_{固碳释氧}=(A_{水库}\times c_{水库}+A_{坑塘}\times c_{坑塘}+A_{沟渠}\times c_{沟渠})\times(1+2.667)$	造林成本法和工业制氧成本法	$V^{环境}_{固碳释氧}=C^{环境}_{固碳}\times CM_{造林}+2.667C^{环境}_{固碳}\times P_O$	造林成本法和工业制氧成本法	$V^{经济}_{固碳释氧}=C^{经济}_{固碳}\times CM_{造林}+2.667\,C^{经济}_{固碳}\times P_O$
	洪水调节	湖泊洪水调蓄能力和湿地洪水调蓄能力之和，$Va^{环境}_{洪水调节}=Va_{湖泊}+Va_{湿地}$	水库防洪总库容，$Va_{水库}$	影子工程法	$V^{环境}_{洪水调节}=(Va_{湖泊}+Va_{湿地})\times P_{水库}$	影子工程法	$V^{经济}_{洪水调节}=Va_{水库}\times P_{水库}$
	水质净化	水体纳污能力与经济体水质净化功能差值。当污染物排放量超过水体纳污能力时，环境主体对应水质净化功能量为 0	水体纳污能力与污染物排放量中最小值	替代成本法	$V^{环境}_{水质净化}=\begin{cases}\displaystyle\sum_{i=1}^{n}(TQ_{污染物_i}-Q_{污染物_i})\times P_{治理}\ (Q_{污染物_i}\leq TQ_{污染物_i})\\ V^{环境}_{水质净化}=0\ (Q_{污染物_i}<TQ_{污染物_i})\end{cases}$	替代成本法	$V^{经济}_{水质净化}=\displaystyle\sum_{i=1}^{n}Q_{污染物_i}\times P_{治理}(Q_{污染物_i}\leq TQ_{污染物_i})$；$V^{经济}_{水质净化}=\displaystyle\sum_{i=1}^{n}TQ_{污染物_i}\times P_{治理}(Q_{污染物_i}>TQ_{污染物_i})$
	气候调节	河流、湖泊、湿地、滩涂降温增湿消耗能量，$CR_{气候调节}\times(A_{河流}+A_{湖泊}+A_{湿地}+A_{滩涂})$	水库、坑塘、沟渠降温增湿消耗能量，$CR_{气候调节}\times(A_{水库}+A_{坑塘}+A_{沟渠})$	替代成本法	$V^{环境}_{气候调节}=CR_{气候调节}\times(A_{河流}+A_{湖泊}+A_{湿地}+A_{滩涂})\times P_{电价}$	替代成本法	$V^{经济}_{气候调节}=CR_{气候调节}\times(A_{水库}+A_{坑塘}+A_{沟渠})\times P_{电价}$

续表 3-1

分类		功能量		价值量			
大类	亚类	环境	经济体	环境		经济体	
				评价方法	计算公式	评价方法	计算公式
调节服务	维持种群栖息地	河流、湖泊、湿地、滩涂年平均水面面积，$A_{河流}+A_{湖泊}+A_{湿地}+A_{滩涂}$	水库年平均水面面积，$A_{水库}$	成果参数法	$V^{环境}_{维持种群栖息地}=(A_{河流}+A_{湖泊}+A_{湿地}+A_{滩涂})\times BIO_r$	成果参数法	$V^{经济体}_{维持种群栖息地}=A_{水库}\times BIO_r$
	病虫害防治	发生病虫害的区域依靠水生态系统的病虫害控制而达到自愈的面积，$FS_{河岸带木材}+RS_{产苇}$等	—	防护费用法	$V_{病虫害防治}=FS_{河岸带木材}\times FP+RS_{产苇}\times RP$	—	—
	土壤形成	在平原、河道、蓄滞洪区、湖泊和湿地等所形成肥沃土壤折合耕地面积，$ZS^{环境}_{土壤形成}=ZS_{平原}+ZS_{河流}+ZS_{蓄滞洪区}+ZS_{湖泊}+ZS_{湿地}$	水库中所形成肥沃土壤折合耕地面积，$ZS_{水库}$	机会成本法	$V^{环境}_{土壤形成}=(ZS_{平原}+ZS_{河流}+ZS_{蓄滞洪区}+ZS_{湖泊}+ZS_{湿地})\times CP$	机会成本法	$V^{经济体}_{土壤形成}=ZS_{水库}\times CP$
文化服务	旅游服务	—	水利旅游景观年旅游总人次，$R=\sum_{i=1}^{n}R_i$	—	—	旅行费用法	$V_{水利旅游}=\sum_{i=1}^{n}R_i\times CC_i=\sum_{i=1}^{n}R_i\times(TC_i+H_i W_{工资})$

第4章　水生态负债核算

4.1　水生态负债核算思路

　　水生态负债核算与水生态资产核算一样,也分为功能量核算和价值量核算。由于环境主体没有负债项,水生态负债核算只针对经济体。水生态负债功能量核算主要是对经济体从水生态系统获取的各项服务挤占为保持水生态平衡应保留于环境中的服务,以及因此造成与之相关水生态系统服务水平的降低而进行定量评价。水生态负债价值量核算是以功能量核算为基础,借助价值评估方法,将功能量转换为经济价值量,以货币的形式表现。水生态负债核算框架见图4-1。

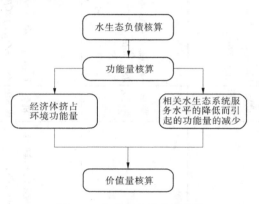

图 4-1　水生态负债核算框架

4.2　水生态负债的确认

　　人类社会经济体对水生态系统的过度开发利用形成了水生态负债。为了准确判断水生态系统压力是否发生,需要限定压力发生的临界点,只有当人类社会经济体对水生态系统的开发利用超出临界限定功能量时,才会产生水生态负债。反之,水生态系统处于可持续状态,没有负债项。由于水生态系统压力的多样,临界值也包含多个,不同种类负债分别由各自临界值来控制。水生态负债是水生态资产负债表的核心内容,其形成机制如图4-2所示。

　　本次水生态负债只考虑过量取水、污染物过度排放、过度捕捞及水面转变为陆面共4类负债项,其中由于过量取水和水面转变为陆面分别对水生态系统水量和水体形状属性产生较大影响,其负债的确认应受到重点关注。

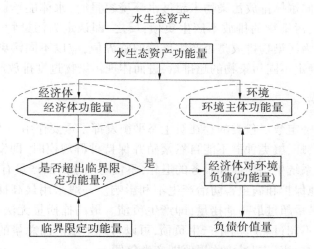

图 4-2　水生态负债形成机制示意图

4.2.1　过量取水

过量取水按水源可划分为地表水过量取水和地下水过量取水。由于不同水源水循环过程及水量更新频率存在差异,负债确认的临界值也并不相同。

对于地表水,国际公认的河流地表水资源开发利用合理上限是 40%,低于 40% 可基本保持自然生态特征;超过 40%,会出现水生态问题。基于此,按流域整体考虑,地表水过量取水产生负债的临界值应为地表水资源量开发利用率上限值 40%,流域地表水资源开发利用率不超过 40%,没有负债;反之,产生负债。但对于某一区域而言,由于需要考虑上下游间水量的协调,上游区域地表水资源开发利用率一般要低于下游区域,简单使用地表水资源开发利用率上限值 40% 不能准确认定区域水资源开发利用是否产生负债。如果区域地表水资源权益得到分配,应以水权分配量来认定负债的发生;没有分配地表水资源权益的区域,取区域地表水资源量的 40% 与外调水分配量及过境河流允许提取水量之和作为区域负债发生的临界值。

对于地下水,地下水过量取水又细分为浅层地下水超采和深层地下水开采。浅层地下水埋藏相对较浅,补给较容易,水量逐年可以得到更新,当开采量长期大于可开采量时,地下水水位将持续下降,开始消耗地下水的静储量,这样的地下水开发利用方式是不可持续的。因此,浅层地下水是否超采,可以认为是浅层地下水开发利用从可持续转向不可持续的转折点。以核算期可开采量为临界值判定负债是否发生,当浅层地下水开采量低于可开采量,水量保持平衡,没有负债;反之,负债产生,负债量用浅层地下水超采量来表征。深层地下水虽然水质较好,可以满足人类各类用水需求,但埋藏深度大、补给困难、更新频率慢,一般作为战略储备水源和应急水源,正常情况下开采即产生负债,开采量即为负债量。

4.2.2　污染物过度排放

污染物排放量是否超过水环境容量是反映水体生态功能是否具有可持续性的晴雨

表。当人类经济体向水体排放污染物未超过水环境容量时,水体能够被继续使用并保持良好生态系统功能,污染物的排放不产生负债;反之,即认定为污染物过度排放,负债发生。水环境容量作为污染物排放是否产生负债的临界值,应以不同污染物的水环境容量为阈值,通过分别确定不同污染物的超排量,进而体现污染物过度排放产生的负债量。

4.2.3　过度捕捞

水生态系统中一定数量鱼类的存在对生态平衡发挥了重要作用。当人类的捕捞量导致水生态系统中鱼、虾、蟹类种群不能自然繁殖并保持种群规模时,即发生过度捕捞。过度捕捞引起水生态系统生态功能和服务的退化,不仅对淡水产品产量有直接影响,也间接对水体水质、栖息地保护和病虫害防治产生不利影响。一般采用最高捕捞量作为是否过度捕捞的阈值,捕捞量超过最高捕捞量,即产生负债。最高捕捞量无法确定时,参考地表水资源开发利用率不超过40%时不产生负债,可以将野生水产品总量的40%设定为捕捞是否过度的临界值,捕捞量超过该临界值即产生负债。

4.2.4　水面转变为陆面

对流域或区域水生态系统影响最大的压力为人类经济体为了单方面追求经济利益的最大化而人为改变水体形状,导致水体水面面积缩小甚至水体的彻底消失。本书采用水面转变为陆面这一表述来表征该压力,其主要包括河道被侵占、围湖造田、湿地面积缩小、水库库岸围垦。由于水面转变为陆面使水生态系统全部服务项受到影响,认定其负债是否发生时,不考虑水面面积或水体容积缩小程度,只要水面转变为陆面即产生负债。

4.3　水生态负债核算方法

水生态负债核算主要是确定水生态资产负债表中负债项的价值量,但由于负债项较多且各负债项单位不统一,直接计算负债价值量存在一定的困难。负债核算过程中先对功能量进行核算,之后借助价值核算方法,将功能量转换成价值量。

4.3.1　过量取水负债项功能量核算

过量取水所产生的负债从功能量角度不仅包括经济体直接挤占环境的水量,也包括过量取水间接上对与其相关的水生态系统服务造成损害而引起的相应功能量的损失。两类负债由于形成机制不同,核算方法也不相同。

4.3.1.1　经济体挤占环境水量核算

经济体挤占环境水量包括地表水过度取水量、浅层地下水超采量和深层地下水开采量。地表水过度取水量应在确定了地表水开发利用上限的基础上,通过核算年份经济体地表水取水量与开发利用上限之差求得。浅层地下水超采量为浅层地下水开采量与当期地下水资源可开采量之差。深层地下水没有开采临界限制,开采量即为挤占环境水量。

4.3.1.2　间接受影响水生态系统服务的负债核算

与水量变化密切相关的水生态系统服务在遭受水量过度开发时,由于水生态系统服务功能量间接受到影响,也形成负债。由于暂时不考虑浅层地下水超采和深层地下水开采对水生态系统服务的间接影响,负债主要是指因地表水过量取水而造成多种水生态系统服务遭受的损失。本书主要针对淡水产品、水力发电、生物原料 3 类供给服务和水源涵养、固碳释氧、水质净化、气候调节、维持种群栖息地 5 类调节服务共 8 类服务受过量取水影响而形成的损失进行分析和核算。这些服务因无法建立过量取水和功能量损失之间的数量关系,不能直接利用过量取水量估算功能量的受损量或减少量。拟采用对比分析法,通过比较取水量处于临界限制使用水量与过量取水两种情景下各类水生态系统服务提供的功能量的不同,间接核算受影响水生态系统服务损失量即负债量。

内陆航运主要受河道水量的影响,而人类在水量调度过程中均考虑了内陆航运最小需水量要求,地表水过量取水一般不会对内陆航运产生较大影响,内陆航运所受损失暂时不予考虑。由于经济体在汛期用水较小,其对洪水洪量、历时、洪水过程影响很小,洪水调节服务受过量取水影响可忽略。同时,鉴于水利旅游服务主要发生在人工影响较大的水利景点处,其水量一般比较稳定,旅游人数受过量取水影响较小,旅游服务功能量损失量也忽略不计。

1. 主要参数获取

核算地表取水量处于临界限制使用水量时各类水生态系统服务所提供的功能量,需要对核算期内河道平均流量、各水体水面面积和蓄水量等参数进行计算。

1) 河道平均流量

河道平均流量应分段逐月进行推算。河段可根据河流不同段的水文信息进行划分或直接利用河道已有水功能区划。各河段逐月平均流量计算时应以核算期(一般为某一年)各河段逐月地表水天然来水量为基准,按河段内地表水临界限制使用水量扣除用水量后,即为河道保留水量,进而推算得到各河段逐月平均流量。

2) 水面面积

水面面积主要指河道、湖泊、水库和湿地年平均水面面积。河道水面面积也应分段逐月进行计算。对于有水文观测断面河道,可借助水文站观测所得水位流量关系,由逐月地表水环境保留水量分别对各河段月平均水面面积进行推算,进而得到年平均水面面积。在没有水文站的河段,先对上下游处横断面进行测量,再通过各河段逐月地表水环境保留水量由水面线推求得到不同河段月平均水面面积,最后得到年平均水面面积。河道水面面积应从上游到下游沿河段依次进行计算。

湖泊、水库和湿地年均水面面积通过兴利调节计算得到。在推算出不同水体逐月蓄水量和年平均蓄水量后,由各水体面积库容曲线,分别得到各水体逐月水面面积以及年均水面面积。

3) 蓄水量

蓄水量主要指湖泊、水库和湿地等水体年平均蓄水量和年末蓄水量,可通过兴利调节计算进行推算,即以各水体逐月天然水量或上游逐月河道保留水量作为来水量,以地表水临界限制使用水量为用水量,通过兴利调节计算得到各水体逐月蓄水量过程,进而推算出不同水体逐月蓄水量和年平均蓄水量。

2. 主要服务功能量损失计算

1）淡水产品

过量取水对淡水产品的影响主要体现在对野生水产品的影响上。由于临界限制使用水量与过量取水两种情景下各水体年平均水面面积不同，其所对应的野生水产品总量也不相同。负债量为两种情景下野生水产品总量的差值，可通过两种情景下不同水体年均水面面积差值与不同水体鱼类丰度计算得到。

$$LF_{淡水产品} = F_{限制水量} - F_{过量取水} = \sum_{i=1}^{n} \left(A_i^{限制水量} - A_i^{过量取水} \right) \times f_i \qquad (4\text{-}1)$$

式中　　$LF_{淡水产品}$——野生水产品负债量，t；

　　　　$F_{限制水量}$、$F_{过量取水}$——临界限制使用水量与过量取水情景下野生水产品总量，t；

　　　　$A_i^{限制水量}$、$A_i^{过量取水}$——不同水体临界限制使用水量与过量取水情景下年平均水面面积，km^2；

　　　　f_i——不同水体鱼类丰度，由单位面积野生鱼类重量表示，t/km^2；

　　　　n——水体数量。

2）水力发电

水力发电负债量主要体现在过量取水对核算年份水能蕴藏量的影响上，可由临界限制使用水量与过量取水两种情景下水能蕴藏量的差值表示。不同情景下水能蕴藏量仍利用伯努利能量方程进行计算，主要区别是临界限制使用水量与过量取水两种情景下各河段的年平均流量由于经济体取水量的不同而存在差异。

$$LE_{水力发电} = E_{限制水量} - E_{过量取水} = \sum_{i=1}^{n} 9.81 H_i \left(Q_i^{限制水量} - Q_i^{过量取水} \right) \times T \qquad (4\text{-}2)$$

式中　　$LE_{水力发电}$——水力发电负债量，$kW \cdot h$；

　　　　$E_{限制水量}$、$E_{过量取水}$——临界限制使用水量与过量取水情景下水能蕴藏量，$kW \cdot h$；

　　　　$Q_i^{限制水量}$、$Q_i^{过量取水}$——临界限制使用水量与过量取水情景下计算河段的年平均流量，m^3/s；

　　　　H_i——计算河段落差，m；

　　　　T——计算时段长，h；

　　　　n——河段划分数量。

3）生物原料

过量取水对生物原料的影响主要体现在对淡水藻类总量的影响上。负债量为临界限制使用水量与过量取水两种情景下淡水藻类总量差值，可通过两种情景下不同水体年均水面面积差值与单位面积藻类密度乘积所得到。

$$LZ_{淡水藻类} = Z_{限制水量} - Z_{过量取水} = \sum_{i=1}^{n} \left(A_i^{限制水量} - A_i^{过量取水} \right) \times z_i \qquad (4\text{-}3)$$

式中　　$LZ_{淡水藻类}$——野生水产品负债量，t；

　　　　$Z_{限制水量}$、$Z_{过量取水}$——临界限制使用水量与过量取水情景下淡水藻类总量，t；

$A_i^{限制水量}$、$A_i^{过量取水}$——不同水体临界限制使用水量与过量取水情景下年平均水面面积，km^2；

z_i——单位面积藻类密度，kg/km^2；

n——水体数量。

4) 水源涵养

水源涵养因过量取水而形成的负债主要是由于临界限制使用水量与过量取水两种情景下各水体期末蓄水量的不同、入渗水量的不同及因限制用水而引起的渠系和田间入渗量的不同等所造成的。其负债量为两种情景下水源涵养功能量的差值。

$$LW_{水源涵养} = W_{水源涵养}^{限制水量} - W_{水源涵养}^{过量取水} \tag{4-4}$$

式中　$LW_{水源涵养}$——水源涵养负债量，万 m^3；

$W_{水源涵养}^{限制水量}$、$W_{水源涵养}^{过量取水}$——临界限制使用水量与过量取水情景下水源涵养功能量，万 m^3。

5) 固碳释氧

固碳释氧因过量取水而形成的负债主要是由于临界限制使用水量与过量取水两种情景下各水体年平均水面面积不同引起的。负债量为两种情景下固碳释氧功能量的差值。

$$LCO_{固碳释氧} = C_{固碳}^{限制水量} + O_{释氧}^{限制水量} - C_{固碳}^{过量取水} - O_{释氧}^{过量取水}$$

$$= \sum_{i=1}^{n} (A_i^{限制水量} - A_i^{过量取水}) \times c_i \times (1 + 2.667) \tag{4-5}$$

式中　$LCO_{固碳释氧}$——固碳释氧负债量，t；

$C_{固碳}^{限制水量}$、$O_{释氧}^{限制水量}$——临界限制使用水量情景下固碳和释氧功能量，t；

$C_{固碳}^{过量取水}$、$O_{释氧}^{过量取水}$——过量取水情景下固碳和释氧功能量，t；

$A_i^{限制水量}$、$A_i^{过量取水}$——不同水体临界限制使用水量与过量取水情景下年平均水面面积，km^2；

c_i——不同水体单位面积固碳率，t/km^2；

n——水体数量。

6) 水质净化

水质净化因过量取水而形成的负债主要是由于过量取水造成不同水体流量和蓄水量的变化而引起的。负债量为临界限制使用水量与过量取水两种情景下水环境容量的差值。

$$LTQ_{水质净化} = TQ_{水质净化}^{限制水量} - TQ_{水质净化}^{过量取水} \tag{4-6}$$

式中　$LTQ_{水质净化}$——水质净化负债量，t；

$TQ_{水质净化}^{限制水量}$、$TQ_{水质净化}^{过量取水}$——临界限制使用水量与过量取水情景下各水体水环境容量之和，t。

7) 气候调节

由于过量取水造成不同水体水面面积的缩小，进而形成相对于临界限制使用水量情景下气候调节服务功能量的减少，即形成负债。负债量为临界限制使用水量与过量取水两种情景下水面面积差值与单位水面蒸发消耗能量的乘积。

$$LTCR_{气候调节} = \left(A_{水面}^{限制水量} - A_{水面}^{过量取水} \right) \times CR_{气候调节} \tag{4-7}$$

式中　　$LTCR_{气候调节}$——气候调节负债量，kW·h;

$A_{水面}^{限制水量}$、$A_{水面}^{过量取水}$——临界限制使用水量与过量取水情景下各水体水面面积之和，km^2;

$CR_{气候调节}$——单位水面蒸发消耗能量，kW·h。

8）维持种群栖息地

维持种群栖息地服务因过量取水而形成的负债主要是由于过量取水造成不同水体水面面积的减少而引起的。负债量为临界限制使用水量与过量取水两种情景下水体面积的差值。

$$LMph_{维持种群栖息地} = A_{水面}^{限制水量} - A_{水面}^{过量取水} \tag{4-8}$$

式中　　$LMph_{维持种群栖息地}$——维持种群栖息地负债量，km^2;

$A_{水面}^{限制水量}$、$A_{水面}^{过量取水}$——临界限制使用水量与过量取水情景下各水体水面面积之和，km^2。

4.3.2　污染物过度排放负债项功能量核算

污染物过度排放主要对水生态系统供水、淡水产品、生物原料、燃料、病虫害防治和水质净化服务产生影响。由于水质与淡水产品、生物原料、燃料和病虫害防治服务之间仍无法建立定量关系，本次污染物过度排放负债项中暂不予考虑，只针对供水和水质净化服务展开讨论。

4.3.2.1　供水服务负债核算

污染物过度排放导致水质变差，影响水生态系统对不同用水户水量的供给。其对不同水体的影响以水功能区划为依据，通过水质监测获得不同水功能区核算期水质，并与各功能区用水户水质要求进行比较，水质不满足用水户水质要求即产生负债，负债量为用水户需水量水质原因上不能满足的部分。

4.3.2.2　水质净化服务负债核算

水质净化服务是否产生负债主要取决于污染物排放量是否超出水环境容量。核算以水功能区划为依据，不同污染物的水环境容量为阈值，分别确定各水功能区中不同污染物是否过度排放，并以各水功能区不同污染物的超排量作为负债量，汇总后形成水质净化服务产生负债的总负债量。湿地水质净化服务负债应单独进行核算，主要通过湿地水环境容量与污染物排放量的比较进而确定负债量。

4.3.3　过度捕捞负债项功能量核算

过度捕捞对淡水产品产量、水体水质、栖息地保护和病虫害防治均产生不利影响。鉴于鱼类对水体水质、栖息地保护和病虫害防治服务的作用还不能定量描述，其服务受影响所引起的负债暂不考虑。只对过度捕捞造成淡水产品产量减少而产生的负债量进行核算。过度捕捞以最高捕捞量或野生水产品总量的40%为临界值，捕捞量超过该临界值即产生负债。负债量为超过临界值的过量捕捞量。

4.3.4　水面转变为陆面负债项功能量核算

水面转变为陆面所产生的水生态资产负债主要是由于水面面积的缩小及水体蓄水量的减少而引起的水生态系统服务功能量的损失。水面转变为陆面使水生态系统服务均受到影响,但考虑部分水生态系统服务与水面面积和水体蓄水量相关性仍不明确,其负债量暂时不予考虑。本次水面转变为陆面所形成的负债包括供水、淡水产品、生物原料、水源涵养、固碳释氧、洪水调节、水质净化、气候调节、维持种群栖息地共 9 类服务功能量的损失。

4.3.4.1　供水

水面转变为陆面对供水服务的影响主要体现在湖泊、水库和湿地由于水面面积的减少使水体蓄水量变小,进而导致水体供水量的减少。其负债量为供水减少量。可通过兴利调节计算,分别计算水面面积减少情景下湖泊、水库和湿地供水量,再与核算期湖泊、水库和湿地正常供水量相比,差值即为负债量。

4.3.4.2　淡水产品

水面转变为陆面对淡水产品的影响主要是由于水面面积的减少而使野生水产品总量减少,进而形成负债。负债量为水面面积减少和不变两种情景下野生水产品总量的差值,可由不同水体水面面积减少量与不同水体鱼类丰度计算得到。

4.3.4.3　生物原料

水面转变为陆面对生物原料的影响同淡水产品,也是由于水面面积的减少导致淡水藻类总量降低。负债量为水面面积减少和不变两种情景下淡水藻类总量差值,可通过不同水体水面面积减少量与不同水体单位面积藻类密度计算得到。

4.3.4.4　水源涵养

水源涵养因水面转变为陆面而形成的负债主要是由于水面面积减少和不变两种情景下各水体期末蓄水量的不同、入渗水量的不同以及因引水减少而引起的渠系和田间入渗水量的不同等所造成的。其负债量为两种情景下水源涵养功能量的差值。各水体期末蓄水量和入渗水量的差异可由湖泊、水库、湿地在两种情景下进行兴利调节计算后对比得到,渠系和田间入渗量的差异由两种情景下供水量的不同经渠系和田间入渗量计算得到。

4.3.4.5　固碳释氧

固碳释氧因水面转变为陆面而形成的负债主要是由水面面积减少引起的。负债量可由不同水体水面面积减少量与单位面积固碳率及固碳和释氧转换率计算得到。

4.3.4.6　洪水调节

水面转变为陆面对洪水调节服务的影响主要是由于湖泊、水库和湿地面积的减少造成湖泊和湿地洪水调蓄能力及水库防洪库容的降低,进而使洪水调节服务功能量受到损害,形成负债。湖泊和湿地洪水调蓄能力及水库防洪库容的减少均可通过各水体库容面积关系曲线分析计算得到。

4.3.4.7　水质净化

水面转变为陆面对水质净化服务的影响主要是由于湖泊、水库、湿地面积的减少造成湖泊、水库、湿地蓄水量的减少,进而使各水体水环境容量降低,形成负债。负债量为湖泊、水库、湿地在水面面积减少和不变两种情景下水环境容量的差值。

4.3.4.8　**气候调节**

气候调节因水面转变为陆面而形成的负债主要是由水面面积减少引起的。负债量可通过不同水体水面面积减少量与单位水面蒸发消耗能量计算得到。

4.3.4.9　**维持种群栖息地**

水面转变为陆面对维持种群栖息地服务产生影响主要体现在各水体水面面积减少而引起功能量的减少,进而形成负债。负债量为水面面积减少量。

4.3.5　负债价值量的核算

在对水生态资产各负债项功能量的核算基础上,通过确定各类最终产品与服务的价格,进而可以核算水生态资产负债的价值量。水生态资产负债价值量核算方法可参照第3章3.4节对环境主体资产价值量的核算方法与思路,此处不再赘述。

4.4　小　结

本章在水生态负债概念和分类确定的基础上,分别对过量取水、污染物过度排放、过度捕捞及水面转变为陆面共4类负债项负债发生的临界条件进行了明确,并从功能量和价值量两个角度对4类水生态资产负债项的核算方法和思路进行了详细阐述。

第 5 章 案例分析

5.1 区域概况

5.1.1 地理位置与地形地貌

5.1.1.1 地理位置

邯郸市地处河北省南部,山西省、河北省、山东省、河南省四省交界之处。西依太行山脉与山西省为邻,东接华北平原与山东省交界,北与邢台市接壤,南接河南省安阳市,有河北省"南大门"之美称。邯郸市地理位置得天独厚,有 5 条铁路(京广铁路、邯黄铁路、邯长铁路、邯济铁路和京广高铁),3 条国道(106 国道、107 国道和 309 国道),3 条高速(青兰高速、邯大高速和京珠高速),交通十分便捷。邯郸市南北距离为 102 km,东西最长距离为 178 km,区域总面积 12 068 km²。全市共辖 6 区、11 县和 1 个县级市。邯郸市行政分区见图 5-1。

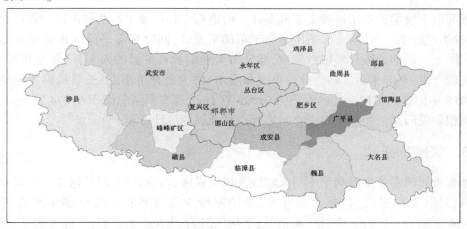

图 5-1 邯郸市行政分区

5.1.1.2 地形地貌

邯郸市地形地貌多种多样,京广铁路西侧 100 m 处的等高线将邯郸市分为西、东两个部分,地势西部高、东部低。西部主要为山区,包括中低山、丘陵和盆地等地形,涉及武安市、涉县和峰峰矿区的所有面积以及永年区、邯郸市三区(复兴区、邯山区和丛台区)和磁县的部分区域;东部主要为平原区,包括平原及洼地等地形,东部平原区包括邯郸市三区(复兴区、邯山区和丛台区)、永年区和磁县的部分区域以及肥乡区、成安县、临漳县等其余 10 县的全部区域。

西部山区大部分区域海拔在 1 000 m 以下:涉县、武安市和磁县西部等低山区的海拔在 500~1 000 m,太行山东侧和山间盆地等丘陵地带的海拔在 100~500 m;武安市西北部的列江、马店头和涉县的部分区域的海拔大于 1 000 m。东部平原区地势没有较大起伏,地面坡度在 1/2 500~1/5 000。邯郸市地形地貌详见图 5-2。

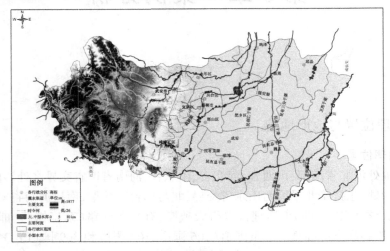

图 5-2　邯郸市地形地貌

5.1.2　土壤植被

邯郸市土壤类型和植被种类多种多样。山地褐土和棕壤土在西部山区有着广泛的分布,各种类型的潮土、沙壤土大范围分布于东部平原区,同时东部平原区还分布有部分盐土及沼泽土。西部山区自然植被较少,部分山头和山坡有少量的人工林、灌木和野草,水土流失较严重;东部平原区广泛分布果园和灌木林,主要种植小麦、玉米和棉花等经济作物。2015 年邯郸市植树造林的面积为 0.026 万 km²,现有果园总面积 0.074 万 km²,植树造林面积和果园总面积数据均来自于邯郸市林业局的统计资料。

5.1.3　气候特征

邯郸市属暖温带半湿润半干旱大陆性季风气候区,四季分明,雨热同期。具有春季干旱多风、夏季炎热多雨、秋季天高气爽、冬季寒冷少雪等特征。全市多年平均气温为 12.5~14.2 ℃,1~2 月或 12 月气温最低,平均气温为-3.8~-1.5 ℃,东部大名县 1971 年 12 月 27 日最低气温观测值为-23.6 ℃。6~7 月气温最高,各地月平均气温皆在 25 ℃以上。邱县 1974 年 6 月 25 日最高气温高达 42.7 ℃。年日照时数为 2 300~2 780 h,日照率为 52.0%~60.0%,其中 5 月日照时数较多,12 月、1 月较少。无霜期为 194~218 d,初霜期一般出现在 10 月下旬,终霜期一般出现在 4 月上旬。

邯郸市多年平均降水量 548.9 mm,降水总量为 66.13 亿 m³。降水量时空分布不均,年际变化悬殊是其主要特征。全年降水量的 70%~80%集中在 6~9 月,其中又主要集中在 7 月下旬和 8 月上旬。

5.1.4 河流水系及湖泊、湿地

5.1.4.1 河流水系概况

邯郸市河流水系主要包括漳卫河水系、黑龙港水系、子牙河水系和徒骇马颊河水系。其中,漳卫河水系包括清漳河、浊漳河、漳河、卫河、卫运河等河流,境内流域控制面积为3 624.9 km²,在全市总面积中所占的比例为30.1%;黑龙港水系包括老漳河、老沙河等河流,境内流域控制面积2 711.6 km²,所占比例为22.5%;子牙河水系包括滏阳河、留垒河、洺河等河流,境内流域控制总面积5 349.6 km²,所占比例为44.4%;徒骇马颊河水系以马颊河为主,境内流域控制总面积361.0 km²,所占比例为3.0%。邯郸市水系特征统计见表5-1。

表 5-1 邯郸市域所属水系特征

所属水系	河流名称	市域面积/km²	所占比例/%
漳卫河水系	清漳河、浊漳河、漳河、卫河、卫运河等	3 624.9	30.1
黑龙港水系	老漳河、老沙河	2 711.6	22.5
子牙河水系	滏阳河、洺河、牤牛河、留垒河及支漳河分洪道	5 349.6	44.4
徒骇马颊河水系	马颊河	361.0	3.0

1. 漳河

漳河发源于山西省境内的太行山背风山区,自涉县流入邯郸市,经磁县、临漳县、魏县、大名县,于馆陶徐万仓村与卫河汇合。漳河上游有清漳河、浊漳河两大支流。北支清漳河于山西省麻田镇经涉县郭家村入境至合漳村,境内长度61 km,是涉县的主要行洪河道;南支浊漳河于山西、河南、河北三省交界处涉县张家头村入境至合漳村,境内长度21 km,是河南、河北的分界河流。清漳河与浊漳河在合漳村汇合后称漳河。漳河干流从涉县合漳村至馆陶县徐万仓全长179 km。

历史上漳河在平原地区是一条迁徙频繁的游荡性河道,元、明、清历代数百年曾多次决口和改道。1942年自魏县南上村改道由徐万仓村汇入卫河,形成目前走势,经两岸筑堤后,基本稳定下来。新中国成立后为加强对漳河的规划治理,根据"上蓄、中疏、下排、适当地滞"的总原则,在磁县境内修建了岳城水库,京广铁路以东两岸修筑堤防,大名县境内建设蓄滞洪区,才使凶猛无羁的漳河得以驯服。

漳河京广铁路桥以下至徐万仓村河长100.6 km(中泓长度105.6 km),其中铁路桥至魏县南上村段(临漳段)河长44.2 km,魏县南上村至东王村(东风渠穿漳涵洞)河长19.7 km,东王村至徐万仓村河长36.7 km。两岸修筑有堤防,左堤长度99.89 km,右堤长度101.13 km,内外边坡比均为1:3。左堤顶宽6~8 m,在对应断面上普遍比右堤高0.5~1.0 m。右堤临漳、魏县段顶宽4~6 m,两堤间距极不规顺,临漳段河槽游荡,堤防弯曲,堤距宽窄不一,宽处4 km,窄处仅0.86 km(硯瓦台);魏县段比较顺直,堤距一般为2 km;进入大名县,堤距逐渐变宽,最宽处堤距5.8 km(万堤)。现状情况下,漳河穿漳涵洞以上河道除右堤局部堤段超高不满足规划要求外,行洪能力基本达到3 000 m³/s,穿漳涵洞以下河道(含滩区)行洪能力基本达到 1 500 m³/s。

2. 卫河

卫河发源于太行山南麓,由 10 余条支流汇成,较大的有河南省境内的淇河、汤河、安阳河等,主要支流集中在左岸(北岸),为梳状河流。

卫河干流于魏县张二庄乡北善村进入邯郸市,至南辛庄村又返回河南省,此约 20 km 河段为河北、河南两省的边界河,左堤由邯郸市防护,右堤由河南省防护;继续下泄由邯郸市大名县龙王庙乡北张村再次入境,自南而北流经金滩镇、红庙乡、营镇乡,至徐万仓村与漳河汇合。卫河在邯郸市境内长度为 55 km,左堤长度 57.49 km,右堤长度 31.8 km。卫河河道设计标准为 20 年一遇,设计行洪能力 2 500 m³/s,现状行洪能力 1 500~2 200 m³/s。

3. 卫运河

卫运河是河北、山东两省的边界河,自漳、卫两河的汇合口徐万仓村至德州南的四女寺枢纽,河道全长 156.6 km。其中邯郸市馆陶县境内(徐万仓－申街)左堤长度 40.51 km,堤顶宽 8 m,边坡比 1:3。卫运河河道设计标准为 50 年一遇,设计行洪能力 4 000 m³/s,现状行洪能力 2 400~3 300 m³/s。

4. 滏阳河

滏阳河是邯郸市唯一一条常年过水河道,具有行洪、农业灌溉、发电、养鱼、城市供水等多种功能,发源于太行山南段东麓峰峰矿区和村镇,至临水镇有黑龙洞泉群汇入,而后进东武仕水库,经调蓄后下泄,穿越京广铁路,流经磁县、冀南新区、邯山区、丛台区、永年区、曲周县、鸡泽县共 7 个县(区),于鸡泽县吴官营乡东于口村出境进入邢台。境内流域面积 2 747.7 km²(其中东武仕水库以上控制流域面积 340 km²,张庄桥以上流域面积 956.89 km²)。

滏阳河在邯郸市境内河道长 185 km,其中东武仕水库以下长 165 km。左堤自磁县朱庄至邯邢边界长 102.82 km,右堤自磁县南开河至邯邢边界长 105.26 km。由于没有统一治理,年久失修,部分堤段残缺不全,各河段安全流量各异,行洪标准不一。典型段是马头镇内石拱桥过流能力 65 m³/s,河边张至张庄桥段过流能力不足 110 m³/s,市区以下至莲花口过流能力 40 m³/s。莲花口节制闸以下河道原则上不参加泄洪。

5. 支漳河分洪道

支漳河分洪道是为了避免滏阳河洪水对邯郸市城区的直接危胁,减少城市防洪的压力,于 1956 年大水后人工开挖的分洪河道,1957 年修建完成。长 31.015 km,自滏阳河张庄桥节制闸前,经邯山区马庄乡、北张庄镇、南堡乡、代召乡,丛台区的兼庄乡,邯郸经济技术开发区(托管)的尚壁镇、姚寨乡流入永年区,在永年区莲花口汇入滏阳河。河道设计流量 482 m³/s。张庄桥至王安堡橡胶坝段以上 8.7 km 已治理,达到 482 m³/s 设计行洪标准。王安堡橡胶坝以下段由于尚未治理,河道自然淤积、行洪能力不足,实际过水能力不足 200 m³/s。

6. 留垒河

留垒河是为了排泄上游洪水和沿途农田沥涝水而人工开挖的河道,首端为永年洼借马庄泄洪闸,经永年区张西堡乡夏堡店村入鸡泽县,穿过双塔镇、风正乡、鸡泽镇,于马坊营村出境,下泄进入邢台。境内河长 32 km,设计行洪标准为 5 年一遇,相应流量 125 m³/s,校核标准为 10 年一遇,相应流量 365 m³/s。目前,因滩地没有按设计全部开挖,行洪能力为 165 m³/s。

7.洺河

洺河是邯郸市境内的主要行洪河道,境内河长 160 km(自南洺河发源地算起),流域面积 2 601.72 km²,包括武安市绝大部分,永年区中北部和鸡泽县西部。上游有南洺河、北洺河两条主要支流,均发源于武安市西北部的深山区摩天岭两侧,分别向东南流经武安市的绝大多数乡(镇),于康二城镇的永合村相汇,南、北洺河汇合后称洺河。南洺河河长 95 km,流域面积 1 237 km²;北洺河河长 62.3 km,流域面积 513.5 km²。洺河干流自永合村至鸡泽县沙阳村河长 65 km。

马会河是洺河的一条主要支流,其发源于邢台沙河市,进入武安境内流经矿山镇、大同镇、北安乐乡,于赵窑村东汇入洺河,境内河长 20 多 km,境内流域面积 186.5 km²,总流域面积 235 km²。

洺河是一条未经治理的河道,上游汇流面积大,坡陡流急,夏季遇到暴雨,经常发生山洪、泥石流、山体滑坡等地质灾害。下游永年、鸡泽县境内的部分河段虽然有堤防但极不完整,标准很低,河道多为沙质土,遇到山洪难以抗御,往往形成决堤漫溢。特别是洺河的出市口,但受邢威公路邢台市南和县丁庄桥阻水影响,实际行洪能力不足 70 m³/s。加之邢威公路高路基阻水,洪水不能通过自然地势下泄,洺河洪水常滞留在鸡泽县境内,形成洪涝灾害。

5.1.4.2　**湖泊**

1.南湖

南湖公园位于邯郸市邯山区,处于滏阳河、渚河和支漳河三河交汇处,总占地面积 0.35 km²。

2.北湖

北湖又称梦湖,位于邯郸市北部,西接中华大街,北到苏黄路,南临北环路,东至京广澳高速公路,总面积约 2.9 km²。

5.1.4.3　**湿地**

永年洼位于邯郸市永年区,南临滏阳河,东有支漳河,北有牛尾河,东北有留垒河,是河北省南部唯一的内陆淡水型湿地,陆面平均海拔 41 m,常年积水 0.4~0.6 m,洼淀面积曾达 16 km²,现常年积水面积约 4.5 km²。南北较长,呈长方形状。

5.1.5　社会经济

邯郸市自然资源和矿产资源十分丰富。肥沃的土地和充足的日照非常适合小麦、玉米和棉花的生长,经济作物产量颇丰;工业种类齐全,其中钢铁产业、装备制造业和煤电煤化业为支柱产业。据《邯郸统计年鉴》统计,2015 年,邯郸市总人口 943.30 万人,人口密度为 782 人/km²。其中,非农业人口 484.67 万人,占总人口的 51.4%。2015 年全市国内生产总值 3 145.43 亿元。第一产业、第二产业和第三产业分别为 402.82 亿元、1 483.36 亿元和 1 259.25 亿元。邯郸市 2015 年人均国内生产总值 33 345 元。

5.1.6　水功能区划

邯郸市水功能区划采用两级体系,即一级区和二级区。一级水功能区宏观上解决水资源开发利用与保护的问题,主要协调地区间用水关系,长远上考虑可持续发展的需求;二级水功能区对一级水功能区中的开发利用区进行划分,主要协调用水部门之间的关系。按照水功能区划原则和水功能区划条件,邯郸市主要河流和水库共划分为 1 个保护区、7 个缓冲区、10 个开发利用区(其中 3 个饮用水源区、7 个农业用水区)。邯郸市水功能区情况详见表 5-2。

表 5-2　邯郸市水功能区情况一览

序号	水系	河流	水功能区名称	起讫点
1	漳卫河	清漳河	清漳河邯郸缓冲区	省界—刘家庄
2		清漳河	清漳河邯郸饮用水源区	刘家庄—匡门口
3		清漳河	清漳河邯郸缓冲区	匡门口—合漳
4		浊漳河	浊漳河邯郸缓冲区	省界—合漳
5		漳河	漳河岳城水库上游缓冲区	合漳—岳城水库入库口
6		漳河	岳城水库水源地保护区	岳城水库库区
7		漳河	漳河邯郸农业用水区	岳城水库坝下—馆陶
8		卫河	卫河邯郸缓冲区	省界—龙王庙
9		卫河	卫河邯郸农业用水区	龙王庙—徐万仓
10		卫运河	卫运河邯郸缓冲区	馆陶—省界
11	子牙河	滏阳河	滏阳河邯郸饮用水源区 1	九号泉—东武仕水库入库口
12		滏阳河	滏阳河邯郸饮用水源区 2	东武仕水库库区
13		滏阳河	滏阳河邯郸农业用水区	东武仕水库出库口—郭桥村
14		洺河	洺河邯郸农业用水区 1	南北洺河汇合口—赵窑
15		洺河	洺河邯郸农业用水区 2	赵窑—善友西桥
16		支漳河	支漳河邯郸农业用水区	邯郸—滏阳河
17		留垒河	留垒河邯郸农业用水区	莲花口—善友西桥
18	徒骇马颊河	马颊河	马颊河邯郸缓冲区	河北段

5.2　水资源概况

5.2.1　降水量

降水量是产生地表径流和补给地下水的主要来源。降水量的大小及时空变化间接反映一个地区的天然水资源状况。参考《河北省邯郸市水资源评价》成果,经统计分析计算,邯郸市多年平均降水深 547.5 mm,降水量 66.07 亿 m³。各县多年平均年降水量以涉县的 578.7 mm 为最大;武安市次之,为 572.0 mm;磁县的降水量为 560.3 mm;鸡泽县的 511.2 mm 为最小;邯郸市区 512.3 mm 次小;曲周、广平、永年区、肥乡区、临漳县、邱县、成安县降水量在 520~540 mm;大名县、魏县、馆陶县和峰峰矿区的降水量在 550~560 mm。

　　邯郸市降水量具有年内分配集中,年际变化较大,地区分布不均等特点。全年降水量平均 75.0% 左右集中在 6~9 月的汛期,非汛期 8 个月的降水量仅占年降水量的 25.0% 左右。特别是一些大水年份的降水量更加集中,个别站点汛期降水量接近全年的 90.0%。而汛期的降水量又主要集中在 7 月中下旬至 8 月上中旬的 30 d 甚至更短的时间之内。受气候、地形等因素的影响,邯郸市多年平均年降水量地区分布的总趋势是山区大于平原。其中,山区降水以武安市西北部的洺河上游为最大,平原降水则北部小于南部。全市降水量的范围大都在 500~600 mm。

5.2.2　蒸发能力及干旱指数

　　邯郸区域多年平均水面蒸发量的地区分布规律是:京广铁路西侧太行山前永年—峰峰矿区一线的丘陵地带为水面蒸发的高值区,西部山区为低值区,东部平原介于二者之间。大致情况为:铁路以东平原多年平均水面蒸发量一般在 1 100 mm 左右,西部山区的南、北洺河上游和清漳河上游,多年平均水面蒸发量一般在 1 000 mm 左右。大于 1 200 mm 的高值区在永年—峰峰矿区一带。其中,多年平均水面蒸发量的最大值是峰峰矿区的 1 266 mm,次大值是永年区的 1 209 mm。多年平均水面蒸发量的最小值是涉县观测站的 1 034 mm。水面蒸发量的年内分配主要受各月气温、气压、湿度、风速、日照等因素的综合影响。邯郸区域春季风大、干旱少雨、饱和差大,尤其是初夏的 5~6 月气温偏高,多干热风,所以蒸发量大。其中,5 月的水面蒸发量占全年水面蒸发量的 14.5%~15.5%;6 月的水面蒸发量占全年水面蒸发量的 14.5%~17.5%。冬季 12 月至次年 1 月气温最低,蒸发量最小。邯郸市各地区干旱程度不一致,除西部山区的部分区域干旱指数小于 2.0 外,其余地区的干旱指数均大于 2.0。峰峰矿区为邯郸市的高值区,干旱指数为 2.54;西部山区的涉县干旱指数为 1.92,是邯郸市的低值区;其他地区在 2.0~2.37。

5.2.3　河流泥沙

　　参考《河北省邯郸市水资源评价》成果,邯郸市内河流泥沙主要发生在汛期的 6~9 月,汛期输沙量占全年输沙量的 85.9%~100.0%。邯郸市山区各河流多年平均含沙量在 6~10 kg/m³。其中,漳河观台站含沙量最大,多年平均含沙量为 9.38 kg/m³;清漳河匡门口站含沙量最小,多年平均含沙量为 6.72 kg/m³。邯郸市山区各河流多年平均输沙量在 60 万~1 350 万 t。其中,漳河观台站输沙量最大,多年平均年输沙量为 1 352 万 t;洺河临洺关站输沙量最小,多年平均年输沙量为 63.3 万 t。

5.2.4　地表水资源量

邯郸市多年平均地表水资源量为 6.210 7 亿 m^3,折合年径流深 51.5 mm。其中,山区地表水资源量为 5.413 1 亿 m^3,折合年径流量深 121.2 mm;平原地表水资源量为 0.797 6 亿 m^3,折合年径流深 10.5 mm。

5.2.5　出入境水量

5.2.5.1　入境水量

邯郸市 1956~2000 年多年平均入境水量为 28.20 亿 m^3。其中,清漳河、浊漳河和卫河三条河流多年平均入境量为 26.39 亿 m^3,占总入境水量的 93.6%;省界天桥断、刘家庄水文控制站以下未控制界外面积多年平均产水入境水量为 1.81 亿 m^3,占总入境水量的 6.4%。入境水量最大的是卫河,多年平均入境水量 18.36 亿 m^3,占总入境水量的 65.1%;浊漳河多年平均入境水量 5.45 亿 m^3,占总入境水量的 19.3%;入境水量最小的是清漳河,多年平均入境水量 2.58 亿 m^3,占总入境水量的 9.2%。未控区多年平均入境水量 1.81 亿 m^3,占入境总水量的 6.4%。

5.2.5.2　出境水量

邯郸市的主要出境河流有卫运河、洺河、滏阳河和留垒河,各河出境水量均由邯郸市东北部的鸡泽县、曲周县和馆陶县流入邢台地区。参考《河北省邯郸市水资源评价》成果,邯郸市 1956~2000 年全区多年平均出境水量 25.262 亿 m^3。其中,卫运河出境水量最大,多年平均出境水量 22.675 亿 m^3,占全区出境水量的 89.76%;其次是滏阳河(含留垒河出境水量),多年平均出境水量 1.789 亿 m^3,占全区出境水量的 7.18%;出境水量最小的是洺河,多年平均出境水量 0.798 亿 m^3,占全区出境水量的 3.16%。

5.2.6　地下水资源量

邯郸平原区多年平均地下水资源量(矿化度 $M \le 2$ g/L)为 7.695 4 亿 m^3。其中,降雨入渗补给量为 6.147 0 亿 m^3(1956~2000 年),地表水体入渗补给量为 1.316 2 亿 m^3,山前侧向流入补给量为 0.232 2 亿 m^3。邯郸平原区多年总补给量为 10.832 0 亿 m^3。其中,浅层地下水矿化度 $M \le 2$ g/L 的淡水资源量为 8.411 4 亿 m^3;矿化度在 2 g/L$<M \le 3$ g/L 的微咸水资源量为 1.191 7 亿 m^3;矿化度 3 g/L$<M \le 5$ g/L 的半咸水资源量为 0.942 8 亿 m^3;矿化度 $M>5$ g/L 的咸水资源量为 0.286 1 亿 m^3。

根据《河北省邯郸市水资源评价》汇总计算成果,邯郸山区河川基流量为 3.128 4 亿 m^3(1956~2000 年),1980~2000 年平均开采净消耗量 2.256 7 亿 m^3,侧向径流流出量 0.232 2 亿 m^3,多年平均地下水资源量为 5.617 3 亿 m^3。其中,滏阳河山区河川基流量为 1.812 3 亿 m^3(1956~2000 年),1980~2000 年平均开采净消耗量 1.811 1 亿 m^3,侧向径流流出量 0.123 5 亿 m^3,多年平均地下水资源量为 3.746 9 亿 m^3;漳河山区河川基流量为 1.316 1 亿 m^3(1956~2000 年),1980~2000 年平均开采净消耗量 0.445 6 亿 m^3,侧向径流流出量 0.108 7 亿 m^3,多年平均地下水资源量为 1.870 4 亿 m^3。

根据《河北省邯郸市水资源评价》汇总计算成果,邯郸市 $M \le 2$ g/L 的地下水资源量为 12.679 2 亿 m^3。其中,矿化度不大于 1 g/L 的地下水资源量为 8.745 4 亿 m^3,占全市地下水资源量的 69.0%;矿化度为 1 g/L<M≤2 g/L 的地下水资源量为 3.933 8 亿 m^3,占全市地下水资源量的 31.0%。

5.2.7　水资源总量

根据《河北省邯郸市水资源评价》汇总计算成果,邯郸市水资源总量为 14.846 6 亿 m^3。其中,地表水资源量 6.210 7 亿 m^3,地下水资源量 12.679 2 亿 m^3,重复计算量 4.043 3 亿 m^3。

5.2.8　水资源质量

5.2.8.1　地表水资源质量

1. 河流水资源质量

滏阳河:是邯郸市最主要的地表水源地,在本区内布设了 6 个监测断面。九号泉属Ⅱ类水(其中 4 月、8 月、10 月基本泉干);东武仕水库、南留旺为Ⅱ、Ⅲ类水;张庄桥、苏里、莲花口的水质类别均为Ⅲ类。

漳河、清漳河、浊漳河:清漳河上的刘家庄、涉县大桥和匡门口 3 个监测断面,匡门口和涉县大桥每年都有月份河干。有水月份,刘家庄和匡门口涉县大桥水质类别为Ⅱ类、Ⅲ类。浊漳河上的合漳监测断面,水质类别为Ⅱ、Ⅲ类。两河交汇后在岳城水库的上游观台设置监测断面,水质类别为Ⅱ类。总体上讲,漳河的水质较好,没有受到严重的污染,水体经过处理后,可满足各种用水的需要。

卫河及卫运河:在龙王庙、留固、馆陶分别设置监测断面,由于上游入境水量的减少和沿途污水的大量汇入,该河段水体感官性状较差,3 个监测点均为大于Ⅴ类水,其主要污染物质有化学需氧量、氨氮。

南、北洺河:上游较少受到污染,水体大都蓄存于水库中,通过封闭线路输送到武安市,水质较好,为Ⅱ类水。

洺河:季节性河流,汛期过水,基本全年河干,水质基本为Ⅴ类和劣Ⅴ类。

牤牛河:设木鼻断面,水质类别为Ⅱ类、Ⅲ类,水质较好。

支漳河、老沙河、牤牛河、输元河:水质均不好,基本为Ⅴ类和劣Ⅴ类。

2. 水库水质评价

东武仕水库:东武仕水库坝上 6 月、8 月、10 月水质类别为Ⅲ类;2 月、4 月、12 月的水质类别为Ⅱ类,全年平均水质类别为Ⅲ类,符合生活饮用水标准。

岳城水库:岳城水库坝上 6 月、8 月水质类别为Ⅰ类;2 月、4 月、10 月、12 月的水质类别为Ⅱ类,全年平均水质类别为Ⅲ类,符合生活饮用水标准。

青塔水库和车谷水库:水质类别均为Ⅱ类,适合饮用和农灌。

口上水库和四里岩水库:水质类别均为Ⅲ类,适合饮用和农灌。

5.2.8.2　地下水资源质量评价

根据 2015 年浅层地下水水质成果表,将参与评价的 39 眼监测井进行了评价。其中属于Ⅴ类水的监测井有 14 眼,占所有评价井的 35.9%;属于Ⅳ类水的监测井有 10 眼,占所有评价井的 25.6%;属于Ⅲ类水的监测井有 15 眼,占所有评价井的 38.5%。

涉县:涉县城关地下水水质监测井,经取样分析评价,该区域地下水为Ⅲ类水,参与评价的 19 项物质均不超标。其水质与 2014 年相比无明显变化,此处地下水可适用于集中式生活饮用水水源及工业、农业用水。

武安市:武安城关地下水水质监测井,经取样分析评价,结果为Ⅲ类水,参与评价的 19 项物质均不超标。与 2014 年一致。此处地下水可适用于集中式生活饮用水水源及工业、农业用水。

磁县:磁县设磁县城关、林坦、太平和岳城 4 眼监测井,除磁县城关为国家站网外,其余 3 处均为市属站网。经取样分析评价,磁县、岳城和太平为Ⅲ类水,参与评价的 19 项物质均不超标。林坦为Ⅳ类水,林坦监测井超标物质为总硬度和氨氮。

成安县:设张庄村、张辛庄、大寨 3 处水质监测井,经分析评价,张庄水质较 2014 年均无明显变化,为Ⅳ类水,超标物质为总硬度、氨氮和氟化物;张辛庄水质和 2014 年一样,为Ⅲ类水;大寨监测井的水质类别由 2014 年的Ⅴ类变为Ⅳ类,超标物质为氨氮和氟化物。

临漳县:设陈村、洛村、香菜营 3 处水质监测井,经取样分析评价,此 3 处监测井水质较好,均为Ⅲ类,参与评价的 19 项指标都不超标。适用于集中式生活饮用水水源及工业、农业用水。

广平县:该县设广平城关和蒋庄 2 处水质监测井,其中广平城关为国家站网,蒋庄为市属站网。通过监测,广平城关监测井的水质类别较 2014 年无变化,仍为Ⅴ类水,其中广平城关监测井的超标物质为总硬度、硫酸盐、溶解性总固体和氨氮;蒋庄监测井的水质类别由 2014 年的Ⅴ类变为Ⅳ类,超标物质为溶解性总固体、氨氮、氟化物和氯离子。

魏县:设蔡小庄、三田、前佃坡 3 处地下水水质监测井,经过取样分析评价,其中蔡小庄和三田监测井的水质类别由 2014 年的Ⅴ类变为Ⅳ类,其中蔡小庄超标物质有氨氮和氟化物,三田超标物质有溶解性总固体、硫酸盐、高锰酸盐指数;前佃坡的水质类别较 2014 年无明显变化,仍为Ⅴ类水,前伸坡超标物质为溶解性总固体、总硬度、氯化物、硫酸盐。所以,此 3 处地下水不宜饮用,只能根据用水的使用目的选用。

大名县:设胡庄、后消灾、三角店 3 处地下水水质监测井。经评价分析,3 处监测井的水质类别较 2014 年无变化,仍为Ⅴ类水。胡庄的超标物质为总硬度、硫酸盐、溶解性总固体、氨氮和氟化物;后消灾的超标物质为总硬度、氨氮和氟化物;三角店的超标物质为总硬度、硫酸盐、高锰酸盐指数和氨氮。此 3 处地下水不宜饮用,只能根据用水的使用目的选用。

永年区:设莲花口、临洺关、柳村 3 处地下水监测井。经分析评价,莲花口为Ⅴ类水,较 2014 年无变化,超标物质有总硬度、溶解性总固体、硫酸盐、氨氮、亚硝酸盐氮。其中总硬度超《地下水质量标准》(GB/T 14818—1993)Ⅴ类水标准,硫酸盐、溶解性总固体、氨氮和亚硝酸盐氮超《地下水质量标准》(GB/T 14818—1993)Ⅲ类水标准,因此该处地下水不宜饮用,只能有选择地用于工业和农业。临洺关和柳村监测井的水质较好,为Ⅲ类水,参与评价的 19 项指标都不超标。

鸡泽县:设鸡泽城关和小寨 2 处地下水监测井,其中鸡泽城关为国家站网,小寨为市属站网。取样分析,鸡泽城关的水质类别为Ⅲ类,水质较好。小寨水质类别由 2014 年的

Ⅴ类变为Ⅳ类,其超标物质为硫酸盐。

曲周县:设东槐桥、曲周、前衙 3 处地下水监测井,通过分析,3 处地下水均为Ⅴ类水。东槐桥的超标物质有溶解性总固体、氯化物、总硬度、硫酸盐、氨氮、亚硝酸盐氮,其中溶解性总固体、总硬度、氯化物、硫酸盐超Ⅴ类水标准。曲周的超标物质有总硬度、氯化物、硫酸盐、溶解性总固体、氨氮,其中总硬度、氯化物和硫酸盐超Ⅴ类水标准。前衙的溶解性总固体、总硬度、氯化物、硫酸盐、高锰酸盐指数、氨氮、亚硝酸盐氮超标,其中总硬度、硫酸盐、氯化物超Ⅴ类水标准。因此,这 3 处地下水不宜饮用,可根据用水目的选用。

邱县:设邱城和南辛店 2 处监测井,经监测分析,邱城和南辛店监测井的水质类别较 2014 年的无变化,仍为Ⅳ类,其中邱城超标物质为硫酸盐、氟化物,南辛店超标物质为氨氮和氟化物。

馆陶县:设房寨、柴堡和魏僧寨 3 处监测井,经监测分析,此 3 处监测井均为Ⅴ类水。房寨的超标物质为溶解性总固体、总硬度、硫酸盐、氯化物、氨氮和硝酸盐氮;柴堡的超标物质为溶解性总固体、总硬度、硫酸盐、氯化物和氟化物;魏僧寨的超标物质为溶解性总固体、总硬度、氯化物、硫酸盐、氨氮和亚硝酸盐氮。因此,这 3 处地下水都不宜饮用,其他用水可根据使用目的选用。

肥乡区:设辛安镇、曹庄 2 处监测井,经取样分析并评价,辛安镇监测井的水质类别较 2014 年无变化,仍为Ⅴ类水,超标物质为硫酸盐、溶解性总固体、总硬度、氨氮、氟化物;曹庄监测井的水质类别由 2014 年的Ⅴ类变为Ⅳ类,超标物质为硫酸盐、氟化物。

邯郸市区:市区设胡村、北堡、西大屯、二八五医院 4 处监测井,其中西大屯为国家站网,二八五医院为市属站网。经分析评价,西大屯为Ⅴ类水,超标因子有总硬度、氯化物、硫酸盐、溶解性总固体。二八五医院、胡村和北堡均由 2014 年的Ⅳ类变为Ⅲ类,参与评价的 19 项指标都不超标。

综上所述,邯郸市浅层地下水总体上水质略差,东部地区有咸水区,矿化度、总硬度、硫酸盐、氯化物含量超标,又因为部分乡(镇)氟化物超标,不宜饮用。西部地区和全淡水区稍好,多为Ⅲ类水。邯郸市浅层地下水水质状况形势严峻,越是工业发达的地区,对地下水的污染往往越严重。因此,主城区和工业密集区更应该加大污染治理力度,实现达标排放,最大限度地减少对地下水的污染。

5.3 区域水文地质

5.3.1 地质概况

5.3.1.1 地质构造与断裂

邯郸平原区位于"祁、吕、贺兰"山字形构造东翼边缘的东侧区域,处于 2 个不同构造单元的过渡地带。由于新华夏构造体系的断裂带发育,本区西侧与丘陵分界处有一条北北东向深大断裂,为新生代拗陷区西缘,西侧属山西台凸区,东侧为华北台拗的一部分。自中生代以来地壳以下降运动为主,形成了本区巨厚层第四系沉积物。次一级地质构造单元自西向东为太行山隆起区、邯郸凹陷、广宗永年凸起、邱县凹陷以及内黄隆起。各构造单元边界受北东向和径向断裂构造的控制,详见图 5-3。邯郸市主要断裂有沧州—大名隐伏深断裂、临漳—魏县隐伏大断裂以及邢台—安阳深断裂,各断裂特征见表 5-3。

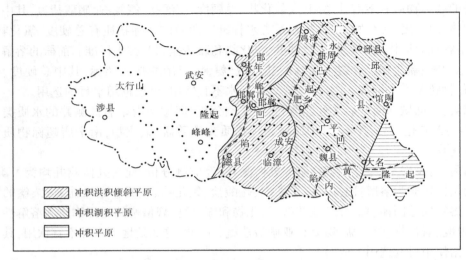

图 5-3　邯郸平原区基底构造及第四系成因类型分布示意图

表 5-3　邯郸市主要断裂情况特征

断裂名称	基本特征
沧州—大名隐伏深断裂	该断裂北起唐山丰润南部,经天津市、沧州市、邢台市和邯郸市向南一直延伸到河南省境内,断裂总体走向北东 30° 左右,河北省境内长度约500 km,断裂两盘新生界发育程度差异明显,是邯郸平原区一条重要的隐伏断裂
临漳—魏县隐伏大断裂	断裂整体为中、新生代的继承性活动断裂,走向西 70° 左右,在研究区长度约 90 km,向东一直延伸入山东省境内。断面及两盘倾向为北东方向,与北邻的无极—衡水大断裂在空间上排成阶梯状
邢台—安阳深断裂	该断裂纵跨整个研究区,自河南安阳至邢台隆尧,距离长达 150 km。断裂南北活动差异很大,进而可分为安阳—磁县、磁县—永年段、永年—邢台三个断裂段

5.3.1.2　地层岩性

　　基底构造、古地理及古气候对第四系沉积物的分布、沉积厚度与展布方向有一定的控制作用。本区第四系的成因类型,山前以冲洪积物为主,中部为冲湖积物,东部为冲积物。水平方向上大致以西部全淡水区及有咸水区分界,向西自上而下以冲洪积作用为主,深层局部有冰碛、冰水沉积物;向东起主导作用的是冲积、湖积沉积作用。沉积物厚度自西向东 10~560 m,第四系地层由老到新依次为下更新统 Q_1、中更新统 Q_2、上更新统 Q_3 和全新统 Q_4,主要岩性有黏土、亚黏土、亚砂土、砂砾石层等。不同时期各种成因类型的分布规律和作用范围不同。第四系各地层特征见表 5-4。

表 5-4　第四系各地层主要特征

地质时代	底界深度/m	主要岩性特征	固结程度	沉积物成因类型
全新统 Q₄	10~70	深灰、灰黄、褐黄色砂黏土,黏砂土类砂层,有淤泥质,见石膏晶体	松散	冲洪积、湖积
上更新统 Q₃	西部 40~100, 东部 120~260	灰黄、棕黄、浅棕褐色砂黏土,黏砂土类砂层,东部有细腻的淤积薄层脆性黏土类,有淤泥层,见有石膏晶体,局部地区上部有菜籽砂,具有黄土状结构	较松散	冲洪积、冲积、湖积
中更新统 Q₂	西部 200~320, 东部 360~420	上段:锈黄、红黄、棕褐色黏性土类有锈色砂层,土层内见长石及钙质小白点,具黄土状碎块结构,见火山喷发物	半固结	冲湖积
		下段:棕红、棕褐色黏性土类砂层,黏性土内见小砾石及砂团,西部见泥砾层		冰积
下更新统 Q₁	西部 300~400, 东部 400~560	南部:棕红色、紫色、紫灰色黏土,砂黏土类砂层,黏土细腻、薄层,有灰白色小点和花纹;西北部:灰绿杂色黏性土类长石风化砂及砂层,有混粒结构	半岩化	冰积、冲积、冲湖积

5.3.2　水文地质条件

5.3.2.1　水文地质分区

综合本区地形地貌、第四系沉积物成因类型、地下水赋存条件及水文地质特征,在水平方向上可划分为 3 个水文地质大区、5 个水文地质亚区。

山前冲积洪积平原水文地质区(包括沙洺河冲积扇水文地质亚区,沙洺河、漳河冲洪积扇扇间水文地质亚区,漳河冲洪积扇水文地质亚区)、中部近山河流冲积湖积水文地质区(沙洺河、漳河交互沉积水文地质亚区,漳河冲积、湖积水文地质亚区)和东部黄河冲积平原水文地质区。山前冲积洪积平原水文地质区和东部黄河冲积平原水文地质区大部分地区为全淡水区,含水层厚度大,富水性好;中部冲积湖积水文地质区分布有咸水区,咸水底板埋深自西向东由全淡水区向有咸水区逐渐增大,咸水带总体呈北东(北北东)向延伸。西部咸水底板埋深较浅,东部 100~140 m,局部最大可达 200 m。在咸水体之上,普遍分布着南西至北东向延伸的带状浅层淡水,底板埋深一般为 30~50 m,局部可达 70 m。

滏阳河以西,由牤牛河、沁河、渚河、输元河和滏阳河冲积而成,含水层岩性以砂砾石和粗砂、中砂为主,冲积扇顶部厚度小于 10 m,单位出水量 1 m³/(h·m),是主要的开采层;冲积洪积扇前缘含水层层次多,单层厚度小,颗粒细,以细砂类为主,总厚度 30~40 m,单位出水量 2 m³/(h·m)。地下水水质因受城市污染而较差,矿化度小于 2 g/L。

滏阳河以东由漳河故道及扇间地带冲积物组成。含水层呈北东向条带状分布,岩性以中细砂和细砂为主,总厚度 $20 \sim 25$ m,单位出水量 $1 \sim 2$ m³/(h·m)。富水性自西向东、自上而下减弱。邯郸平原区水文地质分区及主要水文地质特征见表5-5。

表5-5　邯郸平原区水文地质分区及主要水文地质特征

分区	亚区	主要水文地质特征
山前冲洪积平原水文地质区	沙洺河冲洪积扇水文地质亚区	该区水文地质条件好,含水层厚度在 $80 \sim 160$ m 以上,单井出水量 $10 \sim 20$ m³/(h·m)的地段占50%左右,全部地段>5 m³/(h·m)。东南边缘有咸水部分(Ⅰ+Ⅱ组),厚 $60 \sim 100$ m
	沙洺河、漳河冲洪积扇间水文地质亚区	该区属2条水系不同物质来源交接带,富水性差,无咸水分布。邯郸市区附近水质较差。Ⅰ+Ⅱ组最大单井出水量为 10 m³/(h·m)。邯郸市附近稍小,一般为 $7 \sim 10$ m³/(h·m),大部分地段为 $2.5 \sim 7$ m³/(h·m)
	漳河冲洪积扇水文地质亚区	该区主流区富水性良好,边缘变差。Ⅰ+Ⅱ组单井出水量一般为 $5 \sim 10$ m³/(h·m),大者为 $10 \sim 20$ m³/(h·m)
中部近山河流冲积湖积水文地质区	沙洺河、漳河交互沉积水文地质亚区	该区咸水厚度较大,永年洼一带可达200 m左右,向四周逐渐变浅。Ⅰ+Ⅱ组淡水富水性单井出水量多小于5 m³/(h·m)
	漳河冲积、湖积水文地质亚区	该区东部咸水埋深较大,富水性弱。Ⅰ+Ⅱ组单井出水量小于5 m³/(h·m),一般为 $5 \sim 10$ m³/(h·m)
黄河冲积平原水文地质区		该区Ⅰ+Ⅱ组是本区富水性最好的地段,单井出水量 $10 \sim 20$ m³/(h·m),甚至大于 20 m³/(h·m)

5.3.2.2　包气带岩性

受第四系沉积物的成因类型与潜水水位的动态变化影响,包气带在水平方向和垂直方向上的岩性厚度也各有不同。

平原区包气带厚 $5 \sim 25$ m,山前地带以及中东部咸水区的局部地段小于 5 m;在地下水开采比较严重的地段,地下水位下降漏斗区,局部地段大于 25 m。本区包气带岩性以亚黏土、亚砂土为主。在古河道分布区和山前地带分布有砂土;在中东部和冲洪积扇间地带有黏土分布。变幅带厚度及岩性主要受地下水位动态变化和地下水埋深控制。研究区包气带岩性及厚度见表5-6。

5.3.2.3　含水岩组划分及水文特征

以第四系地层划分为基础,以水文地质条件为依据,并根据含水层间的水力联系程度,水文地质特征差异,地下水开采的方式、开采深度以及地下水动态特征,将平原区地下水划分为4个含水岩组,浅层地下水和深层地下水2个含水系统。

表 5-6 研究区包气带岩性及厚度

分区	亚区	包气带厚度	包气带岩性	变幅带厚度	变幅带岩性
山前冲洪积平原水文地质区	沙洺河冲洪积扇亚区	10~15 m,局部小于 10 m 或大于 25 m	亚砂土、细砂、局部黏土	2~6 m,局部大于 6 m	亚砂土、细砂
	沙洺河、漳河冲洪积扇扇间亚区	5~10 m,局部小于 5 m	亚砂土、亚黏土、局部细砂	小于 2 m	亚砂土、黏土
	漳河冲洪积扇水文地质亚区	5~15 m,局部小于 5 m	亚砂土、亚黏土、局部黏土或砾石	小于 4 m	亚砂土、细砂、局部黏土
中部近山河流冲积湖积水文地质区	沙洺河、漳河交互沉积亚区	5~15 m,局部小于 5 m	亚砂土、亚黏土、局部细砂	小于 2 m	亚黏土、亚砂土、局部细砂、黏土
	漳河冲积、湖积亚区	5~15 m,局部大于 15 m	亚砂土、亚黏土、局部细砂	1~4 m	亚砂土、亚黏土
黄河冲积平原水文地质区		5~15 m,局部大于 15 m	亚砂土、亚黏土	1~3 m,局部小于 1 m	亚砂土、局部细砂、黏土

浅层含水系统指赋存在 Ⅰ、Ⅱ 含水岩组中的地下水。在淡水分布区,地下水开采深度大多在 120~150 m 以上,为混合开采,含水层间水力联系密切;在有咸水分布区,是指咸水体之上的浅层淡水及微咸水,底板埋深在 30~70 m。

深层含水系统,在全淡水区分布区指现有开采深度之下的 Ⅲ、Ⅳ 含水岩组,在有咸水分布区指咸水体之下、除第 Ⅱ 含水岩组下段淡水的全部深层淡水。邯郸平原区含水组水文地质特征见表 5-7。

表 5-7 邯郸平原区含水组水文地质特征

组别	地段	底板埋深/m	成因类型	地下水类型	含水层主要岩性	含水层厚度/m	富水性/[t/(h·m)]
Ⅰ	山前	20~40	冲洪积	潜水	粗砂含砾、粗中砂	小于 10	2.5~5 为主,间有大于 5,小于 2.5
	中部	40~60	冲积、湖积	潜水—承压水	细砂	河道带 10~20,河间小于 10	河道带 5~10,一般 2.5~5
	东部	卫东小于 60	冲积、湖积	潜水—承压水	细粉砂、细砂	小于 20	5~10

组别	地段	底板埋深/ m	成因类型	地下水类型	含水层主要岩性	含水层厚度/ m	富水性/ [t/(h·m)]
II	山前	40~160 (180)	冲积、湖积	潜水—承压水	以中砂为主	20~30, 10~20	5~10, 扇间2.5~5
	中部	160~240 (180~260)	冲积、湖积	承压水	中细砂	20~40	5~10
	东部	220~280	冲积、湖积	承压水	细砂	>40	5~10,边缘小于2.5
III	山前	80~360	冲积、湖积、冰水沉积	承压水	粗中砂、细砂	20~30	10~15(20), 扇间小于5
	中部	360~420	冲积、湖积	承压水	中砂、细砂	30~40, 50~60	5~15, 边缘小于2.5
	东部	400~420	冲积、湖积	承压水	中砂、细砂	40~50, 30~40	10~15
IV	东部	300~560	冲洪积、湖积	承压水	中砂、细砂	30~40, 20~30	2.5~5

5.3.2.4　地下水化学、水质特征

地下水水化学特征具有自山前至东部的水平分带规律,山前地带含水层埋藏浅、颗粒粗,地下水垂向及侧向交替条件好,地下水水化学类型为 $HCO_3—Ca·Mg$ 和 $HCO_3—Na·Mg$ 型水;中东部平原含水层埋深逐渐增大,颗粒逐渐变细,侧向径流条件变差,水化学类型依次变为 $HCO_3·SO_4—Na·Mg$ 型水和 $HCO_3·Cl—Na·Mg$ 型水。由于河渠水渗漏及灌溉回归水的垂直入渗补给的淡化作用,该区也分布有不同规模的 $HCO_3—Ca·Mg$ 型水和 $HCO_3—Na·Mg$ 型条带。扇间交接地带,山前冲洪积平原与中部平原的交接洼地,地下水循环条件处于相对停滞状态,地下水水化学类型主要为 $SO_4·Cl-Na·Mg$ 型水和 $Cl·SO_4—Na·Mg$ 型水。东部黄河冲积平原为 $HCO_3—Ca·Mg$、$HCO_3—Na·Mg$、$HCO_3·SO_4·Cl—Na·Mg$。地下水矿化度自山前向东逐渐增高,由 0.3~0.6 g/L 增至 1~2 g/L。

根据邯郸平原区设立的地下水水质监测井观测结果及邯郸市地下水水质类别评价结果统计分析,邯郸平原区水质相对较差,多为Ⅳ类和Ⅴ类水。满足《地下水质量标准》(GB/T 14848—1993)Ⅲ类水质标准的水质监测井仅有 7 眼,占平原区监测井总数的 14.3%,代表面积 1 001 km²,占平原区面积的 13.2%;属于Ⅳ类水标准的水质监测井有 16 眼,占平原区监测井总数的 32.6%,代表面积 2 799 km²,占平原区面积的 36.9%;属于Ⅴ类水标准的水质监测井有 26 眼,占平原区监测井总数的 53.1%,代表面积 3 787 km²,占平原区面积的 49.9%。影响邯郸平原区地下水水质的主要是矿化度、总硬度、氯化物、硫

酸盐、氟化物及氨氮等。另外,受平原区地质结构影响,邱县南部、馆陶县大部、广平县中东部地区、曲周县北部、肥乡县西部地区及鸡泽县的氟化物含量较高,形成高氟区。

5.3.3　地下水补给、排泄条件

邯郸平原区地下水的补给和排泄受水文地质条件、气候及人为活动的影响。平原区地势平坦,多年平均降水量为 548.9 mm,浅层地下水开采量在 8 亿~12 亿 m³,本区浅层地下水交替形成以降雨入渗-人工开采为主的垂直循环特征。

5.3.3.1　补给、排泄特征

平原区浅层地下水受大气降水垂直入渗补给、太行山前侧向径流补给、河道渠系渗漏补给、渠灌田间入渗补给和井灌回归补给等。其中,大气降水垂直入渗补给是平原区浅层地下水的主要补给因素,占地下水总补给量的 60%~80%。

浅层地下水的排泄以人工开采为主,年开采量在 8 亿~12 亿 m³。侧向径流排泄位于邱县北部、馆陶西北部边缘和大名县卫河以东地区。由于区域地下水水力坡度小,地下水径流较为缓慢,年排泄量小于 0.1 亿 m³。随着开采量的增加,地下水位下降,埋深加大,蒸发排泄甚微,仅存在于部分地下水埋深浅的地段。

5.3.3.2　浅层地下水流场

补给源和开采源的强度分布控制了本区地下水渗流场的变化态势。本区地下水径流由于受到人为因素的影响而变得比较复杂。从整体来看,受地形地貌影响,地下水的总体运动自西南向东运动到中、东部平原,在中、东部平原转向东北方向流动,水力坡度逐渐变小,流动速度越来越缓慢,在邱县流出本区。在平原区内部,由于长期超采形成的地下水位下降漏斗区,地下水改变原来的运动方向,形成由地下水漏斗外围流向中心的局部流动态势;在常年性河流两岸,形成与河流位置相当的地下水分水岭,地下水由分水岭向两侧流动。大名卫河以东受卫河补给和水位下降的影响,地下水自西向东流出邯郸市。

5.3.4　区域地下水动态特征

邯郸平原区地下水水位动态规律受地层岩性、地形地貌、水文地质条件、水文气象及人类开发利用等诸多因素的综合影响。但各种影响因素在不同地区、不同时间段对地下水动态作用的贡献存在一定差异。近几十年来,随着工农业生产的迅速发展,人类活动对地下水动态的影响越来越明显,平原区地下水动态类型也主要为降水入渗补给-开采排泄型。

5.3.4.1　地下水水位年内变化

降水入渗补给、灌溉入渗补给以及人工开采在很大程度上影响着邯郸平原区地下水水位变化,使之呈现出较为明显的季节性变化。根据多年水位动态监测资料,按影响本区地下水动态变化的主要因素及地下水动态曲线的类型分析,可将平原区地下水年内动态变化分为水位下降期、水位回升期、相对稳定期三个动态期。平原区不同区域地下水位年内变化曲线见图 5-4。

从图 5-4 中可以看出,平原区地下水水位下降期一般出现在春季到初夏,由于降水量较小,加上农业灌溉大量开采地下水,地下水补给量小于开采量,造成地下水水位持续下降,基本在每年的 6~7 月降至最低;随后进入雨季,同时农业开采减少或基本停止,地下

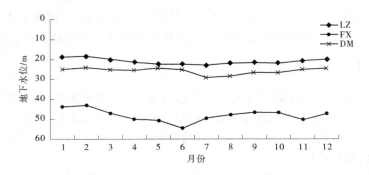

图 5-4　平原区不同区域地下水位年内变化曲线

注:LZ 为临漳香菜营站;FX 为肥乡张达站;DM 为大名胡庄站。

水得到降水入渗的大量补给但效果有些滞后,9 月、10 月水位缓慢回升;相对稳定期一般出现在 10 月至翌年 2 月底,10 月之后,平原区降水量明显减少,加之秋季农业灌溉用水影响,地下水水位开始下降。但由于汛后地下水补给的滞后效应,地下水水位降幅不大。冬季农业开采基本停止,地下水位处于相对稳定状态,至翌年 2 月基本恢复高水位。

　　不同区域年内地下水变幅并不相同。山前冲洪积平原区地下水埋深较浅,富水性较好,浅层地下水年内变幅不大,变幅在 3~7 m;有咸水区因为其浅层地下水矿化度较高,所以浅层水开采强度较小,地下水位年内变幅在 1~6 m;而有漏斗区受补给条件、开采强度等因素影响,地下水位年内变幅较大,最高可达 22.4 m。

5.3.4.2　地下水水位多年变化

　　邯郸平原区长期地下水水位动态变化受多种因素的综合影响,但降水量变化及人工开采仍是主要的影响因素。在丰水年份,降水量多,地下水补给量增加,而农业开采量相对较少,地下水水位有所上升;枯水年份,降水量少,地下水补给量减少,农业开采量相对较多,地下水水位持续下降。自开展地下水水位动态长期监测以来,由于长期超采地下水,地下水位动态整体呈下降趋势,只是不同区域下降幅度不同。仅个别年份受降水量增大等因素的综合影响,地下水水位出现上升。根据平原区 1980~2015 年的浅层地下水动态观测资料分析,地下水水位以下降为主,平均埋深由 1980 年的 7.16 m 下降至 2015 年的 25.80 m,下降速率约为 0.52 m/a。其中,1981~1990 年的平均下降速率为 0.44 m/a,1991~2000 年的平均下降速率为 0.55 m/a,2001~2015 年的下降速率为 0.58 m/a。邯郸平原区浅层地下水 1980~2015 年平均埋深年际变化见图 5-5。

图 5-5　邯郸平原区浅层地下水 1980~2015 年平均埋深年际变化

　　由于不同区域的水文地质不同,含水层岩性及富水性也有差异,地下水补给条件和开采量更是因地而异,造成不同区域地下水埋深相差很大。

　　选取邯郸平原区部分典型站进行地下水水位动态年际变化分析并绘制地下水水位动态变化与降水量关系图,见图 5-6~图 5-8。山前冲洪积平原水文地质区多年地下水水位变化与降水量变化趋势基本一致,但由于区域地下水超采,地下水位整体呈下降趋势,见图 5-6。

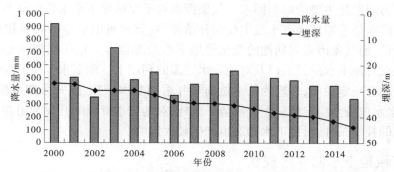

图 5-6　山前冲洪积平原降水量与浅层地下水动态变化关系

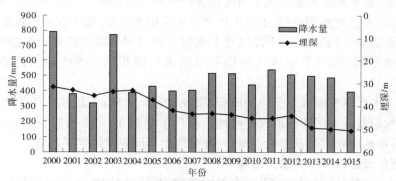

图 5-7　中部冲洪积平原降水量与浅层地下水动态变化关系

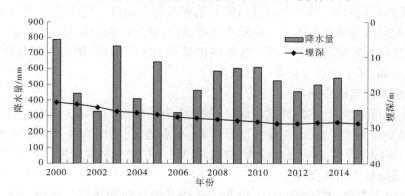

图 5-8　东部黄河冲积平原降水量与浅层地下水动态变化关系

　　中部冲积湖积平原水文地质区(见图 5-7),本区分布有咸水区和漏斗区。咸水区浅层淡水发育较差,多年来浅层地下水呈下降趋势;漏斗区地下水开发利用强度大,水位下降速度较快。

东部黄河冲积平原水文地质区(见图 5-8),本区含水层富水性较好,浅层地下水利用以农业灌溉用水为主,受补给条件等多种因素的综合影响,多年来地下水水位有所下降但降幅不大。

5.3.4.3　地下水动态变化影响因素分析

邯郸平原区地下水动态受气象、地质条件、人类活动等多种因素的综合影响,其中气象因素及人为因素是主要的影响因素。气象因素对平原区地下水水位的动态变化有显著影响。由于降水是平原区地下水最主要的补给来源,降水量的时空分布直接影响区域地下水的补给量,而气象因素周期性的变化使地下水动态也有一定的周期性变化。人为因素主要表现在对地下水的开采以及对地表水资源的利用上。地下水水位的变化与地下水开采量的变化有一定关联,表现为低水位期与开采期基本一致,强开采期水位下降明显。反之,地下水水位较为稳定或呈上升趋势。此外,对地表水资源的开发利用在一定程度上改变了区域的补排条件,对地下水动态也产生较大影响。

5.3.5　区域地下水漏斗区现状

长期以来,地下水有力地支撑了当地经济社会的快速发展。但是,随着人类活动影响的加剧,人口的大量增加,为满足工农业生产及生活用水需要,地下水利用量逐年增大,致使一些地区长期处于超采状态,平原区地下水位呈现逐年下降的趋势。根据河北省地下水超采区评价结果,邯郸平原区浅层地下水超采区面积约 5 500 km²,约占平原区的72.5%。

浅层地下水严重超采区主要位于成安、肥乡、鸡泽、永年,经过几十年的大量开采后,在这些地下水超量开采区陆续形成一些地下水位下降漏斗,主要有肥乡天台山—曲周东大由、永年县东杨庄和馆陶县寿山寺漏斗,并呈现出不同程度的扩展趋势。

5.3.5.1　肥乡天台山—曲周东大由漏斗

漏斗分布在漳河冲洪积扇前沿与中部冲积扇前沿和中部冲积平原交接地带,由于开采强度较大而形成漏斗,漏斗中心最初见于肥乡天台山地区。近年来由于地下水水位的下降,肥乡天台山漏斗和曲周东大由漏斗逐渐融合,从而形成肥乡天台山—曲周东大由漏斗区,并呈现向下发展的趋势。漏斗区范围包括邯山区东南部、肥乡大部分地区、广平西南部、成安北部,属于农业开采常年型漏斗。

5.3.5.2　永年县东杨庄漏斗

该漏斗分布于沙河、洺河冲洪积扇区,漏斗中心不固定。漏斗区范围包括永年大部分地区和鸡泽县西部地区,向北延伸入邢台南和、平乡地区,同属农业开采常年型漏斗。由于本区补给来源不足且开采强度较大,故漏斗仍处于扩展和加深阶段。

5.3.5.3　馆陶县寿山寺漏斗

该漏斗位于邯郸冲洪积平原区,分布于馆陶县柴堡镇和浅口村以南,106 国道以西。包括曲周县东南角、大名北部和广平东北部,发育于浅层地下水中,开采深度 10~70 m。

5.4　水资源开发利用现状

5.4.1　水利工程现状

5.4.1.1　蓄水工程

邯郸市共有水库 81 座,其中大型水库 2 座,中型水库 5 座,小型水库 74 座。大型水库包括大(1)型的岳城水库和大(2)型的东武仕水库,总库容分别为 13 亿 m³ 和 1.62 亿 m³。中型水库包括青塔水库、车谷水库、口上水库、四里岩水库和大洺远水库,其总库容依次为 1 350 万 m³、3 315 万 m³、3 208 万 m³、1 144 万 m³ 和 3 299 万 m³。小型水库分为小(1)型和小(2)型水库。其中,小(1)型水库 14 座,小(2)型水库 60 座,总计库容 5 916 万 m³。邯郸市小型水库主要指标见表 5-8。

表 5-8　邯郸市小型水库主要指标

水库类型	所在地	座数	总库容/万 m³	兴利库容/万 m³	控制面积/km²
小(1)型	武安市	10	2 852	1 650	537
	涉县	2	543	265	147
	邯郸市区	2	411	147	41
	小计	14	3 806	2 062	725
小(2)型	永年区	5	155	95	15
	武安市	21	755	498	332
	涉县	10	229	101	27
	峰峰矿区	8	146	95	32
	邯郸市区	8	473	272	149
	磁县	8	352	236	166
	小计	60	2 110	1 297	721
合计		74	5 916	3 359	1 446

1. 岳城水库

岳城水库位于邯郸市磁县与河南省安阳县交界处,是海河流域漳卫河系漳河上的一个控制工程,控制流域面积 18 100 km²,占漳河流域面积的 99.4%,总库容 13 亿 m³,主要任务是防洪、灌溉、城市供水并结合发电。通过河北省民有渠、河南省漳南渠可灌溉农田 14.7 万 hm²,可部分解决邯郸、安阳两市工业及生活用水。

自 20 世纪 60 年代以来,岳城水库上游漳河沿岸分别修建了红旗渠、跃进渠、大跃峰渠、小跃峰渠等 4 条大型引水渠道,在漳河两岸形成了四大灌区,其中邯郸市大、小跃峰渠引漳河水供农业灌溉、水力发电,余水入东武仕水库。

2. 东武仕水库

东武仕水库位于河北省邯郸市磁县境内的滏阳河干流上,是一座以防洪和供水为主,兼顾灌溉和发电等多种功能的大型水利枢纽工程。总库容 1.62 亿 m^3,多年平均灌溉面积 4.27 万 hm^2,年灌溉水量 3 917 万 m^3,东武仕水库担负邯郸市供水任务,年供水量 14 200 万 m^3。

3. 青塔水库

青塔水库位于海河流域子牙河系南沼河上游,涉县偏城镇青塔村 1.5 km 处,控制流域面积 76 km^2,总库容 1 350 万 m^3,兴利库容 1 056 万 m^3,设计灌溉面积 3 733 hm^2,是一座以防洪灌溉和人畜饮水为主,结合解决山区农业灌溉、养鱼、旅游等综合利用的中型水库。

4. 车谷水库

车谷水库位于武安市西北部的沼河支流南溜河上游的车谷村,水库控制流域面积 124 km^2,总库容 3 315 万 m^3,兴利库容 1 327.7 万 m^3,设计灌溉面积 6 800 hm^2,是一座以蓄洪灌溉为主,兼顾防洪、发电、人畜饮水等综合利用的中型水库。

5. 口上水库

口上水库位于武安市北沼河上游,中、东两支的汇合处,距武安市城区 32 km,控制流域面积 138.7 km^2,总库容 3 208 万 m^3,兴利库容 2 789 万 m^3,设计灌溉面积 7 667 hm^2,是一座以城镇供水和农业灌溉为主,兼顾防洪、发电、人畜饮水、养鱼及旅游等综合利用的中型水库。

6. 四里岩水库

四里岩水库位于武安市西北部北溜河干流上游,口上水库下游 4 km 处,控制流域面积 214.7 km^2(口上水库以下 73 km^2),总库容 1 144 万 m^3,兴利库容 922 万 m^3。设计灌溉面积 6 800 hm^2,是一座以蓄洪灌溉为主,兼顾防洪、发电、人畜饮水等综合利用的中型水库。

7. 大洺远水库

大洺远水库位于武安市南洺河上,上游建有青塔、车谷 2 座中型水库,控制流域面积 1 047.5 km^2,总库容 3 299 万 m^3,兴利库容 829 万 m^3,是一座以工农业用水为主,兼顾防洪、交通和城市生态风景区的中型水库。

5.4.1.2　引水工程

邯郸市水资源空间分布不均匀,山区水多,平原水少,与经济社会用水十分不协调。在 20 世纪 60 年代,为了提高供水保证率,邯郸市修建了大量引水渠道,将清漳河、漳河、卫河、滏阳河等河流水资源引入不同用水户,满足工农业用水需求。其中,主要控制性引水工程包括漳西渠、漳南渠、漳北渠、大跃峰渠、小跃峰渠、民有总干渠、卫西干渠、东风渠、威临渠和胜利渠等。

5.4.1.3　机电井工程

机电井工程也可称为地下水取水工程,是邯郸市工业、生活、农业用水的重要供水工程,根据《河北省水利统计年鉴(2015 年)》,邯郸市拥有机井 22.5 万眼,其中规模以上机井 9.14 万眼。

5.4.1.4　外调水工程

邯郸市外调水工程包括南水北调工程及引黄工程。

南水北调工程沿京广铁路西侧 100 m 等高线由磁县入邯郸,从永年区邓上村北出邯郸界。在邯郸共设 6 个分水口,总干渠以东为南水北调受水区,包括主城区(复兴区、邯山区和丛台区)和东部 12 个区(县),控制面积 7 384 km²,占全市面积的 61.3%。南水北调工程分配邯郸市水量为 3.52 亿 m³,主要用于东部平原区城镇生活和工业用水。

引黄工程即通过引黄河水补给邯郸东部平原区农业用水。引水口设置在河南濮阳市濮清南总干渠渠首,在邯郸市魏县第六店村穿卫河入冀由连接渠分别流入东风渠、超级支渠、小引河、魏大馆排渠、民有总干渠、沙东干渠、王封干渠、西支渠、老沙河等渠道,受水区包括魏县、大名县、馆陶县、广平县、肥乡区、曲周县、广平县和邱县等 8 个区(县)30 多个乡(镇),总引水量为 11 008 万 m³,用于上述受水区农业灌溉、生态用水及补充地下水,控制灌溉面积 5.3 万 hm²,受益人口 82 万人。

5.4.2　供水量现状

2011~2015 年邯郸市各类水利工程年平均总供水量为 19.67 亿 m³。其中,地表水平均供水量为 5.47 亿 m³,占总供水量的 27.81%;地下水平均供水量为 14.20 亿 m³,占总供水量的 72.19%。地下水为邯郸市主要供水水源。2011~2015 年邯郸市各类水利工程供水量详见表 5-9。

表 5-9　2011~2015 年邯郸市各类水利工程供水量统计　　　　　单位:亿 m³

年份	地表水供水工程					地下水供水工程	合计
	蓄水工程	引水工程	提水工程	跨流域调水工程	小计		
2011	0.56	3.11	1.29	0.15	5.11	13.33	18.44
2012	0.75	3.09	1.58	0.31	5.73	14.98	20.71
2013	0.71	2.63	1.64	0.20	5.18	14.51	19.69
2014	0.56	3.98	1.57	0.33	6.44	13.71	20.15
2015	0.58	2.12	1.56	0.64	4.90	14.49	19.39
平均值	0.63	2.99	1.53	0.33	5.47	14.20	19.67

2011~2015 年,邯郸市年用水总量在 20 亿 m³ 上下波动,但呈现出了缓慢下降的趋势。随着跨流域调水工程供水量的逐渐增多,区域内地下水的开发利用量呈减少趋势,但仍占全市供水量的大部分,地下水存在持续超采现象,对地下水的保护和治理任务仍然十分艰巨。

5.4.3　用水量现状

2011~2015 年邯郸市各行业总用水量平均值为 19.67 亿 m³。其中,城镇居民生活总用水量平均值为 1.54 亿 m³,占总用水量的 7.8%;农村人畜总用水量平均值为 1.45 亿 m³,占总用水量的 7.4%;工业总用水量平均值为 2.61 亿 m³,占总用水量的 13.3%;农业总用水量平均值为 14.08 亿 m³,占总用水量的 71.5%。农业用水为邯郸市主要用水户。2011~2015 年邯郸市各行业用水量统计详见表 5-10。

表 5-10　2011~2015 年邯郸市各行业用水量统计　　　　单位:亿 m³

年份	生活用水				工业用水		农业用水		总用水量		
	城镇生活		农村人畜		地表	地下	地表	地下	地表	地下	总计
	地表	地下	地表	地下							
2011	0.55	0.93	0.23	1.27	1.12	1.45	3.21	9.68	5.11	13.33	18.44
2012	0.54	1.01	0.09	1.34	1.22	1.56	3.88	11.07	5.73	14.98	20.71
2013	0.54	1.02	0.29	1.31	1.26	1.50	3.09	10.68	5.18	14.51	19.69
2014	0.59	1.01	0.20	1.16	0.96	1.59	4.69	9.95	6.44	13.71	20.15
2015	0.52	0.98	0.06	1.31	0.98	1.40	3.34	10.80	4.90	14.49	19.39
平均值	0.55	0.99	0.17	1.28	1.11	1.50	3.64	10.44	5.47	14.20	19.67

5.5　水生态资产核算

考虑邯郸市水生态系统特点,部分水生态系统服务在当地并不存在。邯郸市水生态资产核算包括供给服务、调节服务和文化服务共 3 类服务的功能量和价值量的核算,其中供给服务包括供水、水力发电、淡水产品共 3 项服务,调节服务包括水源涵养、固碳释氧、洪水调节、水质净化、气候调节、维持种群栖息地共 6 项服务,文化服务仅包含旅游服务。邯郸市水生态资产核算指标详见表 5-11。

表 5-11　邯郸市水生态资产核算指标

序号	大类	亚类
1	供给服务	供水
2		水力发电
3		淡水产品
4	调节服务	水源涵养
5		固碳释氧
6		洪水调节
7		水质净化
8		气候调节
9		维持种群栖息地
10	文化服务	旅游服务

5.5.1　水生态资产核算数据来源

5.5.1.1　水资源量相关数据

在供水功能总量计算中,涉及了入境水量、水资源总量、调入水量、深层开采量、浅层超采量、蓄变量、出境水量及调出水量等数据,该组数据可由邯郸市水利部门所提供的水资源公报查得。2014 年和 2015 年水资源量相关数据情况详见表 5-12。

表 5-12　邯郸市 2014 年和 2015 年水资源量相关数据汇总　　　　单位:万 m³

类别	2014 年	2015 年
入境水量	80 979	49 340
水资源总量	98 475	73 687
调入水量	3 305	6 402
深层开采量	34 599	34 299
浅层超采量	38 910	43 219
蓄变量	4 490	19 007
出境水量	53 069	28 791
调出水量	0	0

5.5.1.2　用水量数据

邯郸市用水量主要包括生活用水、工业用水、农业用水等,各类地表水及地下水供生活用水、工业用水、农业用水等用水量数据由水利部门提供的水资源公报查得。2014 年和 2015 年邯郸市总用水量分别约为 20.14 亿 m³ 和 19.38 亿 m³,详见表 5-10。

5.5.1.3　水力发电量数据

邯郸市水力发电量数据由水利部门提供,本次收集了 20 座装机容量 500 kW 以上、1 座 500 kW 以下以及所有小型的发电站在 2014 年和 2015 年发电量数据。2014 年和 2015 年邯郸市水力发电量分别为 9 902.35 万 kW·h 和 9 566.87 万 kW·h。2014 年和 2015 年邯郸市水力发电量数据详见表 5-13。

表 5-13　2014 年和 2015 年邯郸市水力发电量数据　　　　单位:万 kW·h

电站	2014 年	2015 年	电站	2014 年	2015 年
东武仕	650.44	1 023.66	西达	555.10	338.80
海乐山	2 222.40	1 201.70	台庄	191.35	261.42
老刁沟	1 095.17	826.50	张头	134.56	175.10
南关	36.65	16.42	白芟	133.60	159.38
宿凤	409.23	287.68	下庄	168.20	151.96
三河底	236.41	211.23	凤凰山	200.39	397.66
彭城	171.00	193.79	郊口	58.94	39.19
口上	49.76	44.24	滏源	71.85	69.66
活水	76.96	186.64	小电站	2 793.00	2 921.00
车谷	41.53	0	漳岳	0	566.17
新桥	275.81	154.90	宿凤二	0	313.07
小会	330.00	26.70	合计	9 902.35	9 566.87

5.5.1.4　淡水产品产量数据

邯郸市淡水产品分为野生水产品和人工养殖水产品。因邯郸市淡水产品种类较少，淡水产品分为鱼类和虾蟹类两类数据进行统计。邯郸市鱼类、虾蟹类等野生水产品捕捞量和人工养殖水产品产量等数据由邯郸市国民经济统计年鉴查得。

5.5.1.5　水库、湖泊、湿地年末蓄积量及渗漏量补给数据

在水源涵养计算中，涉及了水库年末蓄积量、水库渗漏补给量、渠系渗漏补给量、渠灌田间入渗补给量、湖泊年末蓄积量、湿地年末蓄积量、湖泊入渗补给量、湿地入渗补给量、降水入渗补给量、河道入渗补给量、山前侧向补给量等数据。水库、湖泊、湿地年末蓄积量可由水资源公报查得，相应各水体渗漏量由逐月蓄水量与渗漏补给系数推算得到，降水入渗补给量、河道渗漏补给量、山前侧向补给量、渠系渗漏补给量、渠灌田间入渗补给量等数据均可由水资源公报数据通过分析计算后得到。2014 年和 2015 年数据情况详见表 5-14。

表 5-14　邯郸市 2014 年和 2015 年水源涵养计算相关数据汇总　　　单位:万 m^3

分类	2014 年	2015 年
水库年末蓄变量	0	0
水库渗漏补给量	6 683	6 447
渠系渗漏补给量	5 975	6 405
渠灌田间入渗补给量	4 980	5 338
湖泊年末蓄变量	0	0
湿地年末蓄变量	2	3.6
湖泊入渗补给量	113	113
湿地入渗补给量	75	77
降水入渗补给量	73 743	56 641
河道入渗补给量	14 631	11 937
山前侧向补给量	322	322

5.5.1.6　水面面积数据

邯郸市水面面积数据主要是对水库、湖泊、湿地和河道年平均水面面积数据的收集整理或计算推求。水库年均水面面积以各水库运行记录为基础，先由逐月月初、月末水位计算出逐月平均水位，再由逐月平均水位得到年平均水位，依据各水库水位面积关系曲线，最终查得各水库年均水面面积。河道、湖泊、湿地水面面积由对邯郸市 2014 年和 2015 年年初和年末的遥感图片解译获得。2014 年和 2015 年邯郸市年均水面面积分别为 72.02 km^2 和 57.86 km^2，详细数据见表 5-15。

5.5.1.7　水库防洪库容数据

邯郸市涉及大型水库 2 座，中型水库 5 座，小型水库 74 座，各水库防洪库容可由水利部门提供的数据经分析计算得到。

表 5-15　邯郸市年均水面面积数据汇总　　　　　　　单位:km²

水体类别	2014 年	2015 年
水库	44.60	39.25
湖泊	4.65	4.65
湿地	5.40	5.58
河流	17.37	8.38
小计	72.02	57.86

5.5.1.8　污染物排放量数据

邯郸市污染物排放量数据由邯郸市环境部门提供,本次收集了沿河各县(市、区)工业废水和生活污水排入河道量,并重点对 COD 和氨氮排放量进行了整理。邯郸市 2014年 COD 和氨氮排放量分别为 8 873.97 t 和 1 131.99 t,2015 年 COD 和氨氮排放量分别为9 859.97 t 和 1 257.77 t。

5.5.1.9　水面蒸发量数据

水面蒸发量数据由气象部门提供,2014 年和 2015 年均收集了邯郸市临漳、大名、峰峰矿区、广平、成安、曲周、武安、永年、涉县、磁县、肥乡、邱县、馆陶、魏县及鸡泽共 15 处气象站的蒸发数据。2014 年和 2015 年邯郸市平均蒸发量分别为 1 179 mm 和 1 200 mm。

5.5.1.10　水利景点旅游人数数据

邯郸市所涉及的各水利旅游景点主要有永年县广府古城、武安市京娘湖、涉县娲皇宫、邯郸市南湖和北湖等,各旅游景点年旅游人数由旅游部门提供。2014 年和 2015 年水利景点旅游总人数分别为 625 万人和 720 万人。2014 年和 2015 年邯郸市水利景点旅游人数数据详见表 5-16。

表 5-16　邯郸市 2014 年和 2015 年水利景点旅游人数汇总　　　单位:万人

旅游景点	2014 年	2015 年
广府古城	143	165
京娘湖	104	120
娲皇宫	239	275
南湖	55	63
北湖	84	97
合计	625	720

5.5.2　水生态资产功能量核算

5.5.2.1　供给服务功能量核算

1. 供水功能量

邯郸市供水功能量核算主体分为经济体和环境。经济体对应供水功能量核算主要对邯郸市各行业用水进行分析统计,环境对应供水功能量则为供水功能总量扣除经济体对应供水功能量,当经济体对应供水功能量大于供水功能总量时,环境对应供水功能总量计为 0。经计算,2014 年和 2015 年邯郸市水生态资产供水功能总量分别为 207 689 万 m³ 和 197 163 万 m³,详见表 5-17。

表 5-17　邯郸市 2014 年和 2015 年供水功能总量成果　　　　　单位:万 m³

类别	2014 年	2015 年
水资源总量	98 475	73 687
入境水量	80 979	49 340
调入水量	3 305	6 402
深层开采量	34 599	34 299
浅层超采量	38 910	43 219
蓄变量	4 490	19 007
出境水量	53 069	28 791
调出水量	0	0
供水功能总量	207 689	197 163

对邯郸市 2014 年和 2015 年各行业用水进行分析统计后得到,2014 年和 2015 年邯郸市经济体对应供水功能量分别为 201 414 万 m³ 和 193 812 万 m³,则 2014 年和 2015 年环境对应供水功能量分别为 6 275 万 m³ 和 3 351 万 m³。邯郸市 2014 年和 2015 年供水功能量计算成果详见表 5-18。

表 5-18　邯郸市 2014 年和 2015 年供水功能量计算成果　　　　　单位:万 m³

分类			2014 年	2015 年
供水功能总量			207 689	197 163
经济体	农村生活	地表水	2 025	561
		地下水	11 638	13 069
	城镇生活	地表水	5 915	5 191
		地下水	10 147	9 755
	农业用水	地表水	46 755	33 377
		地下水	99 398	108 026
	工业用水	地表水	9 630	9 825
		地下水	15 906	14 008
	小计		201 414	193 812
环境			6 275	3 351

2. 水力发电功能量

由水力发电功能量计算方法可知,经济体对应已发电量,环境为水能蕴藏量扣除已发电量。依据伯努利能量方程计算水能蕴藏量,2014 年和 2015 年邯郸市水能蕴藏量分别为 21.90 亿 kW·h 和 11.21 亿 kW·h。由水利部门提供的各水电站发电量数据,2014 年和 2015 年邯郸市水力发电量分别为 0.99 亿 kW·h 和 0.96 亿 kW·h。经计算,2014 年和 2015 年邯郸市环境对应水力发电功能量分别为 20.91 亿 kW·h 和 10.25 亿 kW·h。邯郸市 2014 年和 2015 年水力发电功能量计算成果详见表 5-19。

表 5-19　邯郸市 2014 年和 2015 年水力发电功能量计算成果　　单位:亿 kW·h

年份	水力发电蕴藏量	经济体已发电量	环境未开发量
2014 年	21.90	0.99	20.91
2015 年	11.21	0.96	10.25

3. 淡水产品功能量

邯郸市淡水产品功能总量包括野生水产品总量和人工养殖水产品总量。考虑邯郸市淡水产品种类较少,只对鱼和虾蟹产量进行了功能量核算。经济体淡水产品产量分别通过 2014 年和 2015 年邯郸市国民经济统计年鉴查得,环境淡水产品保留量由野生水产品总量扣除捕捞量得到。邯郸市主要适合野生鱼类和虾蟹主要集中在东武仕水库和岳城水库,其他水体暂不予考虑。通过典型调查,东武仕水库 2014 年和 2015 年平均鱼类丰度为 50 t/km²,其中鱼类、虾蟹比例约为 99∶1;岳城水库 2014 年和 2015 年平均鱼类丰度为 65 t/km²,鱼类和虾蟹比例也约为 99∶1。由式(3-4)可估算出邯郸市 2014 年和 2015 年野生水产品总量分别为 2 308 t 和 2 036 t。

对邯郸市 2014 年和 2015 年国民经济统计年鉴中各淡水产品产量数据进行统计分析,2014 年和 2015 年邯郸市经济体对应淡水产品功能量分别为 34 363 t 和 35 023 t,其中野生水产品捕捞量分别为 1 228 t 和 1 223 t。环境对应淡水产品功能量为野生水产品总量扣除捕捞量之后的保留量,2014 年和 2015 年邯郸市环境对应淡水产品功能量分别为 1 080 t 和 814 t。邯郸市 2014 年和 2015 年经济体及环境对应淡水产品功能量成果详见表 5-20。

表 5-20　邯郸市 2014 年和 2015 年淡水产品功能量成果　　单位:t

分类			2014 年	2015 年
水产品总量			35 443	35 837
经济体	人工养殖水产品	鱼	31 955	32 645
		虾蟹	1 180	1 155
	野生水产品	鱼	1 216	1 211
		虾蟹	12	12
	小计		34 363	35 023
环境	野生水产品	鱼	1 069	806
		虾蟹	11	8
	小计		1 080	814

5.5.2.2　调节服务功能量核算

1. 水源涵养功能量

依据水源涵养功能量计算方法,邯郸市经济体对应水源涵养功能量主要为水库年蓄积量、水库渗漏补给量、渠系渗漏补给量、渠灌田间入渗补给量4部分水量之和,环境对应水源涵养功能量主要为湖泊年蓄积量、湿地年蓄积量、湖泊入渗补给量、湿地入渗补给量、降水入渗补给量、河道入渗补给量和山前侧向补给量7部分水量之和。经计算,2014年和2015年邯郸市水源涵养功能量分别为106 518.3万 m³ 和87 283.6万 m³。其中,2014年邯郸市经济体和环境对应水源涵养功能量分别为17 638万 m³ 和88 880.3万 m³;2015年经济体和环境对应水源涵养功能量分别为18 190万 m³ 和69 093.6万 m³。邯郸市2014年和2015年经济体及环境对应水源涵养功能量计算成果详见表5-21。

表 5-21　邯郸市水源涵养功能量计算成果　　　　　　单位:万 m³

核算主体	类别	2014 年	2015 年
经济体	水库年蓄积量	0	0
	水库渗漏补给量	6 683	6 447
	渠系渗漏补给量	5 975	6 405
	渠灌田间入渗补给量	4 980	5 338
	小计	17 638	18 190
环境	湖泊年蓄积量	0	0
	湿地年蓄积量	2.3	3.6
	湖泊入渗补给量	115	113
	湿地入渗补给量	67	77
	降水入渗补给量	73 743	56 641
	河道入渗补给量	14 631	11 937
	山前侧向补给量	322	322
	小计	88 880.3	69 093.6
合计		106 518.3	87 283.6

2. 固碳释氧功能量

水生态系统固碳释氧功能量以各类水体年平均水面面积为衡量指标,结合各类水体单位面积固碳率和固碳释氧转换率,分别对经济体和环境主体对应水生态系统固碳功能量和释氧功能量进行核算。由于邯郸市并没有淡水生态系统的生物量测定数据,本次评估中水体单位面积固碳率依据美国地质调查局 FS-058-99 说明书中参数进行取值。水库和河流单位面积固碳率取 400 t/km²,湖泊取 72 t/km²,湿地取 29 t/km²。

1) 固碳功能量

固碳功能量核算主体包括经济体和环境。经济体对应固碳功能量由水库年平均水面面积与单位面积固碳率相乘得到,环境对应固碳功能量由河流、湖泊、湿地水面面积分别与相应单位面积固碳率乘积之后求和得到。经计算,2014 年邯郸市固碳功能量为 25 280 t,经济体和环境对应固碳功能量分别为 17 840 t 和 7 440 t;2015 年邯郸市固碳功能量为 19 549 t,经济体和环境对应固碳功能量分别为 15 700 t 和 3 849 t。2014 年和 2015 年邯郸市固碳释氧功能量计算成果详见表 5-22 和表 5-23。

表 5-22　2014 年邯郸市固碳释氧功能量计算成果

核算主体	类别	年均水面面积/km^2	固碳率/(t/km^2)	固碳量/t	释氧量/t
经济体	水库	44.60	400	17 840	47 579
环境	河流	17.37	400	6 948	18 530
	湖泊	4.65	72	335	893
	湿地	5.40	29	157	418
	小计	27.42		7 440	19 841
合计		72.02		25 280	67 420

表 5-23　2015 年邯郸市固碳释氧功能量计算成果

核算主体	类别	年均水面面积/km^2	固碳率/(t/km^2)	固碳量/t	释氧量/t
经济体	水库	39.25	400	15 700	41 872
环境	河流	8.38	400	3 352	8 940
	湖泊	4.65	72	335	893
	湿地	5.58	29	162	432
	小计	18.61		3 849	10 265
合计		57.86		19 549	52 137

2)释氧功能量

释氧功能量的核算主要以固碳功能量为指标,通过固碳释氧转换率分别对经济体和环境对应释氧功能量进行计算。本次核算依据藻类光合作用 1 个单位碳产生的氧气的个数进行转换计算,一般每固定 1 个单位的碳可产生 2.667 个单位的氧气,则 2014 年邯郸市释氧功能量为 67 420 t,经济体和环境对应释氧功能量分别为 47 579 t 和 19 841 t;2015 年邯郸市释氧功能量为 52 137 t,经济体和环境对应释氧功能量分别为 41 872 t 和 10 265 t。2014 年和 2015 年邯郸市固碳释氧功能量计算成果详见表 5-22 和表 5-23。

3. 洪水调节功能量

洪水调节功能量主要包括水库防洪库容、湖泊洪水调蓄能力和湿地洪水调蓄能力。邯郸市各水库防洪库容由邯郸市水利部门提供的相关水库资料进行分析而获得;湖泊洪水调蓄能力主要依据欧阳志云的研究成果,邯郸市处于东部平原区,湖区平均换水次数约为 3.19 次/a,湖泊洪水调蓄能力按式(3-11)中东部平原计算公式进行估算;湿地洪水调蓄能力通过湿地面积和最大蓄水位之差的乘积进行估算。邯郸市洪水调节核算主体分为经济体和环境,经济体对应洪水调节功能量为各水库防洪库容之和,环境对应洪水调节功能量为湖泊洪水调蓄能力和湿地洪水调蓄能力之和。

经计算,邯郸市水库防洪库容为 94 600 万 m³,湖泊和湿地洪水调蓄能力分别为 484 万 m³ 和 2 860 万 m³,则 2014 年和 2015 年邯郸市洪水调节功能量均为 97 944 万 m³。其中,经济体对应洪水调节功能量为 94 600 万 m³,环境对应洪水调节功能量为 3 344 万 m³。

4. 水质净化功能量

邯郸市水质净化功能量核算通过对比分析各水体污染物排放量和水体纳污能力的高低,进而确定不同水体经济体和环境对应水质净化功能量。根据邯郸市水体分类,水质净化功能量主要针对河流、水库和湿地展开。河流和水库统一按水功能区划进行核算,湿地单独核算。同时根据邯郸市水污染物排放特点,本次水质净化功能量核算指标主要包括 COD 和氨氮两类污染物。

1)河流和水库水质净化功能量核算

河流和水库水质净化功能量核算首先按水功能区划确定各河段和水库纳污能力,再通过与各河段和水库污染物排放量比较,确定经济体和环境对应水质净化功能量。水功能区纳污能力也称为水功能区环境容量,是相对确定的水功能区在满足水域功能要求的前提下,按给定的设计水文条件,水功能区水体所能容纳的最大污染物量。

(1)水功能区纳污能力计算遵循原则。保护区、饮用水源区和集中式生活饮用水水源地(清漳河邯郸饮用水源地、岳城水库水源保护区、东武仕水库滏阳河邯郸饮用水源地)按有关规定不允许直接排污,因此纳污能力按"0"处理,不再进行计算。

对于保留区和缓冲区,如果现状水质已经达到《河北省水功能区划》规定的目标,保留区和缓冲区的纳污能力与其现状污染负荷相同,可直接采用现状入河污染物量代替水功能区纳污能力。对于需要改善水质的保留区和缓冲区,则按照要求计算纳污能力。

开发利用区(饮用水源区除外)纳污能力需要根据二级水功能区的设计条件和水质目标,利用数学模型进行纳污能力计算。

(2)水质模型的选择。水功能区纳污能力的计算应根据实际情况选择不同的数学计算模型。根据《水域纳污能力计算规程》(GB/T 25173—2010)规定和邯郸市水功能区实际情况,河道计算模型采用零维模型和一维模型,水库选用完全均匀混合箱体水质模型来预测。

(3)水功能区纳污能力计算。根据邯郸市水功能区纳污能力计算原则,经计算,2014 年邯郸市 COD 和氨氮纳污能力分别为 5 642.37 t/a 和 332.24 t/a,2015 年邯郸市 COD 和氨氮纳污能力分别为 4 626.24 t/a 和 245.23 t/a。2014 年和 2015 年邯郸市各水功能区水体纳污能力计算成果详见表 5-24。

表 5-24　2014 年和 2015 年邯郸市各水功能区水体纳污能力计算成果　　单位:t

水功能区	2014 年		2015 年	
	COD	氨氮	COD	氨氮
滏阳河邯郸饮用水源区 1	0	0	0	0
滏阳河邯郸饮用水源区 2	0	0	0	0
滏阳河邯郸农业用水区	5 063.86	303.19	4 184.45	223.25

续表 5-24

水功能区	2014 年		2015 年	
	COD	氨氮	COD	氨氮
洺河邯郸农业用水区 1	220.44	11.81	173.13	8.66
洺河邯郸农业用水区 2	266.81	12.78	208.14	10.41
支漳河邯郸农业用水区	11.53	0.62	11.35	0.57
留垒河邯郸农业用水区	2.13	0.15	1.89	0.09
漳河邯郸农业用水区	77.60	3.69	47.28	2.25
浊漳河邯郸缓冲区	0	0	0	0
清漳河邯郸缓冲区	0	0	0	0
清漳河邯郸饮用水源区	0	0	0	0
清漳河邯郸缓冲区	0	0	0	0
漳河岳城水库上游缓冲区	0	0	0	0
岳城水库水源保护区	0	0	0	0
卫河邯郸缓冲区	0	0	0	0
卫河邯郸农业用水区	0	0	0	0
卫运河邯郸缓冲区	0	0	0	0
马颊河邯郸缓冲区	0	0	0	0
合计	5 642.37	332.24	4 626.24	245.23

(4)各水功能区排污量统计。邯郸市各水功能区遍及邯郸市各县(市、区),沿河各县(市、区)都有工业废水和生活污水进入河道,邯郸市区域内各河流都有废污水汇入。生活污水污染源主要分布在邯郸市区、各县县城和较大的城镇和工矿企业;工业污染源主要分布在邯郸市区、峰峰矿区、涉县、永年、磁县,东部平原县较大的污染企业较少。工业污染源从行业分主要属于钢铁、电力、电镀、化工、纺织、印染、造纸、机械、陶瓷、建材、焦化和采矿。2014 年及 2015 年邯郸市水功能区排污量见表 5-25。

表 5-25　2014 年及 2015 年邯郸市水功能区排污量统计　　　　单位:t

水功能区	2014 年		2015 年	
	COD	氨氮	COD	氨氮
滏阳河邯郸饮用水源区 1	27.54	5.40	30.60	6.00
滏阳河邯郸饮用水源区 2	6.03	0.18	6.70	0.20
滏阳河邯郸农业用水区	3 748.93	441.08	4 165.48	490.09
洺河邯郸农业用水区 1	833.40	1.71	926.00	1.90
洺河邯郸农业用水区 2	3 888.08	646.92	4 320.09	718.80

续表 5-25

水功能区	2014 年		2015 年	
	COD	氨氮	COD	氨氮
支漳河邯郸农业用水区	43.38	8.96	48.20	9.95
留垒河邯郸农业用水区	2.97	1.78	3.30	1.98
漳河邯郸农业用水区	300.96	25.65	334.40	28.50
浊漳河邯郸缓冲区	0	0	0	0
清漳河邯郸缓冲区	0	0	0	0
清漳河邯郸饮用水源区	0	0	0	0
清漳河邯郸缓冲区	0	0	0	0
漳河岳城水库上游缓冲区	0	0	0	0
岳城水库水源保护区	22.68	0.32	25.20	0.35
卫河邯郸缓冲区	0	0	0	0
卫河邯郸农业用水区	0	0	0	0
卫运河邯郸缓冲区	0	0	0	0
马颊河邯郸缓冲区	0	0	0	0
合计	8 873.97	1 132	9 859.97	1 257.77

(5)水质净化功能量核算。在邯郸市各水功能区排污量及纳污能力分析计算基础上,分别对经济体和环境对应水质净化功能量进行核算。经计算,邯郸市 2014 年经济体和环境对应河流和水库水质净化功能量分别为 4 655.16 t 和 1 325.03 t,2015 年分别为 4 845.74 t 和 25.73 t。邯郸市 2014 年和 2015 年河流和水库水质净化功能量计算成果详见表 5-26。

表 5-26　邯郸市 2014 年和 2015 年河流和水库水质净化功能量计算成果　　　单位:t

水功能区	2014 年				2015 年			
	经济体		环境		经济体		环境	
	COD	氨氮	COD	氨氮	COD	氨氮	COD	氨氮
滏阳河邯郸饮用水源区 1	0	5.40	0	0	0	0	0	0
滏阳河邯郸饮用水源区 2	0	0.18	0	0	0	0	0	0
滏阳河邯郸农业用水区	3 748.93	303.19	1 314.93	0	4 165.48	223.25	18.97	0
洺河邯郸农业用水区 1	220.44	1.71	0	10.10	173.13	1.90	0	6.76
洺河邯郸农业用水区 2	266.81	12.78	0	0	208.14	10.41	0	0
支漳河邯郸农业用水区	11.53	0.62	0	0	11.35	0.57	0	0
留垒河邯郸农业用水区	2.13	0.15	0	0	1.89	0.09	0	0

续表 5-26

水功能区	2014 年				2015 年			
	经济体		环境		经济体		环境	
	COD	氨氮	COD	氨氮	COD	氨氮	COD	氨氮
漳河邯郸农业用水区	77.60	3.69	0	0	47.28	2.25	0	0
浊漳河邯郸缓冲区	0	0	0	0	0	0	0	0
清漳河邯郸缓冲区	0	0	0	0	0	0	0	0
清漳河邯郸饮用水源区	0	0	0	0	0	0	0	0
清漳河邯郸缓冲区	0	0	0	0	0	0	0	0
漳河岳城水库上游缓冲区	0	0	0	0	0	0	0	0
岳城水库水源保护区	0	0	0	0	0	0	0	0
卫河邯郸缓冲区	0	0	0	0	0	0	0	0
卫河邯郸农业用水区	0	0	0	0	0	0	0	0
卫运河邯郸缓冲区	0	0	0	0	0	0	0	0
马颊河邯郸缓冲区	0	0	0	0	0	0	0	0
合计	4 327.44	327.72	1 314.93	10.10	4 607.27	238.47	18.97	6.76

2) 湿地水质净化功能量核算

湿地水质净化功能量核算主要是通过湿地水环境容量和污染物排放量比较,进而确定经济体和环境对应湿地水质净化功能量。湿地水环境容量主要通过典型试验获得不同污染物净化量指标,进而推算整个湿地水环境容量。

通过人工湿地模拟实验,邯郸市永年洼湿地对 COD 净化量为 82 mg/(L·a),对氨氮净化量为 172.2 mg/(L·a)。2014 年和 2015 年永年洼湿地平均蓄水量分别为 561 万 m^3 和 572 万 m^3,则 2014 年湿地 COD 和氨氮水环境容量分别为 460.02 t 和 966.04 t,2015 年湿地 COD 和氨氮水环境容量分别为 469.04 t 和 984.98 t。与 2014 年和 2015 年排入湿地污染物对比分析,邯郸市 2014 年经济体和环境对应湿地水质净化功能量分别为 377.1 t 和 1 048.96 t,2015 年经济体和环境对应湿地水质净化功能量分别为 419 t 和 1 035.02 t。邯郸市 2014 年和 2015 年湿地水质净化功能量计算成果详见表 5-27。

表 5-27　邯郸市 2014 年和 2015 年湿地水质净化功能量计算成果　　　　单位:t

类别	2014 年		2015 年	
	COD	氨氮	COD	氨氮
纳污能力	460.02	966.04	469.04	984.98
排污量	337.4	39.7	374.89	44.11
经济体	337.4	39.7	374.89	44.11
环境	122.62	926.34	94.15	940.87

3)水质净化功能量核算

汇总河流、水库和湿地水质净化功能量核算成果,邯郸市 2014 年经济体和环境对应水质净化功能量分别为 5 032.26 t 和 2 373.99 t,2015 年经济体和环境对应水质净化功能量分别为 5 264.74 t 和 1 060.75 t,详见表 5-28。

表 5-28　邯郸市 2014 年和 2015 年水质净化功能量计算成果　　　　　　单位:t

水体类别	2014 年				2015 年			
	经济体		环境		经济体		环境	
	COD	氨氮	COD	氨氮	COD	氨氮	COD	氨氮
河流和水库	4 327.44	327.72	1 314.93	10.10	4 607.27	238.47	18.97	6.76
湿地	337.4	39.7	122.62	926.34	374.89	44.11	94.15	940.87
合计	4 664.84	367.42	1 437.55	936.44	4 982.16	282.58	113.12	947.63

5.气候调节功能量

邯郸市气候调节功能量核算主体分为经济体和环境,核算中涉及参数主要包括年平均水面面积、年水面蒸发量和 1 m³ 水转化为蒸汽的耗电量数据。对于水面面积,经济体对应各水库年平均水面面积之和,环境对应河流、湖泊、湿地年平均水面面积之和,2014 年邯郸市经济体和环境对应年平均水面面积分别为 44.60 km² 和 27.42 km²,2015 年邯郸市经济体和环境对应年平均水面面积分别为 39.25 km² 和 18.61 km²。对于水面蒸发量,2014 年和 2015 年邯郸市平均水面蒸发量分别为 1 179 mm 和 1 200 mm。加湿器将 1 m³ 水转化为蒸汽的耗电量约为 125 kW·h。依据式(3-23),空调制冷时能效比取值为 3.3,1 标准大气压下水的汽化热为 2 260 kJ/kg,则 2014 年经济体和环境对应气候调节功能量分别为 165.76 亿 kW·h 和 101.91 亿 kW·h,2015 年经济体和环境对应气候调节功能量分别为 148.48 亿 kW·h 和 70.40 亿 kW·h,详见表 5-29。

表 5-29　邯郸市 2014 年和 2015 年气候调节功能量计算成果

核算主体	水体类别	水面面积/km²		气候调节功能量/(亿 kW·h)	
		2014 年	2015 年	2014 年	2015 年
经济体	水库	44.60	39.25	165.76	148.48
环境	湖泊	4.65	4.65	17.28	17.59
	湿地	5.40	5.58	20.07	21.11
	河流	17.37	8.38	64.56	31.70
	小计	27.42	18.61	101.91	70.40
合计		72.02	57.86	267.67	218.88

6.维持种群栖息地功能量

维持种群栖息地功能量由不同水体年平均水面面积来表征。经济体对应水库年平均水面面积,环境对应河流、湖泊、湿地等水体年平均水面面积。由于湿地对区域生态效应逐渐被认可,邯郸市利用外调水对永年洼湿地进行补水,湿地面积得到了一定程度的恢复,2015 年较 2014 年增加了 0.18 km²。

经计算,2014 年邯郸市经济体和环境对应维持种群栖息地功能量分别为 44.60 km² 和 27.42 km²;2015 年经济体和环境对应维持种群栖息地功能量分别为 39.25 km² 和

18.61 km^2。经济体及环境对应维持种群栖息地功能量详见表 5-30。

表 5-30　邯郸市 2014 年和 2015 年维持种群栖息地功能量汇总　　　单位:km^2

核算主体	水体类别	2014 年	2015 年
经济体	水库	44.60	39.25
环境	湖泊	4.65	4.65
	湿地	5.40	5.58
	河流	17.37	8.38
	小计	27.42	18.61
合计		72.02	57.86

5.5.2.3　文化服务功能量核算

邯郸市文化服务功能量仅包括旅游服务功能量,其只对应经济体进行核算,功能量主要由水利旅游景观年旅游总人次来表征。由表 5-16 可知,2014 年和 2015 年邯郸市水利景点旅游总人数分别为 625 万人和 720 万人,则 2014 年和 2015 年邯郸市经济体旅游服务功能量分别为 625 万人和 720 万人。

5.5.2.4　水生态资产功能量

将水生态资产各项服务功能量汇总后,可得水生态资产功能量表。由于各服务功能量单位不一致不能进行汇总求和,对供给服务功能量、调节服务功能量和文化服务功能量分别进行列示,详见表 5-31。

表 5-31　邯郸市 2014 年和 2015 年水生态资产功能量汇总

指标名称		单位	2014 年		2015 年	
			环境	经济体	环境	经济体
供给服务功能量	供水	万 m^3	6 275	201 414	3 351	193 812
	水力发电	亿 kW·h	20.91	0.99	10.25	0.96
	淡水产品	t	1 080	34 363	814	35 023
调节服务功能量	水源涵养	万 m^3	88 880.3	17 638	69 093.6	18 190
	固碳释氧	t	27 280	65 419	14 113	57 572
	洪水调节	万 m^3	3 344	94 600	3 344	94 600
	水质净化	t	2 373.99	5 032.26	1 060.75	5 264.74
	气候调节	亿 kW·h	101.91	165.76	70.40	148.48
	维持种群栖息地	km^2	27.42	44.60	18.61	39.25
文化服务功能量	旅游服务	万人		625		720

5.5.3　水生态资产价值量核算

5.5.3.1　供给服务价值量核算

1.供水价值量

供水价值量的核算以供水功能量为基础。邯郸市经济体对应供水价值量采用市场价值法计算,由各行业用水量及用水单价乘积得到;环境对应供水价值量采用替代成本法计算,由环境对应供水功能量与单位平均供水价值乘积进行估算。

经计算,邯郸市 2014 年和 2015 年供水价值量分别为 184 300.70 万元和 174 196.10 万元。其中,经济体对应供水价值量分别为 178 715.95 万元和 171 247.22 万元。单位平均供水价值则通过经济体供水价值量与供水功能量进行推算,邯郸市 2014 年和 2015 年单位平均供水价值分别为 0.89 元/m^3 和 0.88 元/m^3,则 2014 年和 2015 年环境对应供水价值量分别为 5 584.75 万元和 2 948.88 万元。邯郸市 2014 年和 2015 年供水价值量计算成果详见表 5-32 和表 5-33。

表 5-32　邯郸市 2014 年供水价值量计算成果

核算主体	用水类型	水源	供水量/万 m^3	单价/(元/m^3)	价值/万元
经济体	农村生活	地表水	2 025	2.5	5 062.50
		地下水	11 638	2.5	29 095.00
	城镇生活	地表水	5 915	3.75	22 181.25
		地下水	10 147	3.75	38 051.25
	农业用水	地表水	46 755	0.21	9 818.55
		地下水	99 398	0.3	29 819.40
	工业用水	地表水	9 630	1.75	16 852.50
		地下水	15 906	1.75	27 835.50
	小计		201 414		178 715.95
环境	保留水量	混合	6 275	0.89	5 584.75
	小计		6 275		5 584.75
合计			207 689		184 300.70

表 5-33　邯郸市 2015 年供水价值量计算成果

核算主体	用水类型	水源	供水量/万 m^3	单价/(元/m^3)	价值/万元
经济体	农村生活	地表水	561	2.5	1 402.50
		地下水	13 069	2.5	32 672.50
	城镇生活	地表水	5 191	3.75	19 466.25
		地下水	9 755	3.75	36 581.25
	农业用水	地表水	33 377	0.21	7 009.17
		地下水	108 026	0.3	32 407.80
	工业用水	地表水	9 825	1.75	17 193.75
		地下水	14 008	1.75	24 514.00
	小计		193 812		171 247.22
环境	保留水量	混合	3 351	0.88	2 948.88
	小计		3 351		2 948.88
合计			197 163		174 196.10

2. 水力发电价值量

依据水力发电价值量计算方法,分别采用市场价值法和替代成本法对经济体及环境对应水力发电价值量进行计算。经济体及环境对应水力发电价值量为相应功能量与单位电价乘积。邯郸市现行水力发电上网电价为 0.42 元/(kW·h)。经计算,邯郸市 2014 年和 2015 年水力发电价值量分别为 91 980.00 万元和 47 068.09 万元。其中,2014 年经济体和环境对应水力发电价值量分别为 4 158.99 万元和 87 821.01 万元;2015 年邯郸市经济体和环境对应水力发电价值量分别为 4 018.09 万元和 43 050.00 万元。邯郸市 2014 年和 2015 年水力发电价值量计算成果详见表 5-34。

表 5-34　邯郸市 2014 年和 2015 年水力发电价值量计算成果

年份	经济体		环境	
	发电量/ (亿 kW·h)	价值/ 万元	未开发量/ (亿 kW·h)	价值/ 万元
2014	0.99	4 158.99	20.91	87 821.01
2015	0.96	4 018.09	10.25	43 050.00

3. 淡水产品价值量

淡水产品价值量采用市场价值法进行核算。经济体及环境对应淡水产品价值量均将经济体及环境对应淡水产品功能量作为考量指标,结合各类型淡水产品现行市场单价衡量其价值。经计算,邯郸市 2014 年和 2015 年淡水产品价值量分别为 39 154.12 万元和 51 977.98 万元。其中,2014 年邯郸市经济体和环境对应淡水产品价值量分别为 37 785.02 万元和 1 369.10 万元;2015 年邯郸市经济体和环境对应淡水产品价值量分别为 50 377.49 万元和 1 600.49 万元。邯郸市 2014 年和 2015 年淡水产品价值量计算成果详见表 5-35 和表 5-36。

表 5-35　邯郸市 2014 年淡水产品价值量计算成果

核算主体	产品类型		产量/t	单价/(元/t)	价值/万元
经济体	人工养殖水产品	鱼	31 955	9 000	28 759.47
		虾蟹	1 180	63 304	7 468.04
	野生水产品	鱼	1 216	12 000	1 459.24
		虾蟹	12	80 000	98.27
	小计		34 363		37 785.02
环境	野生水产品	鱼	1 069	12 000	1 282.72
		虾蟹	11	80 000	86.38
	小计		1 080		1 369.10
合计			35 443		39 154.12

表 5-36　邯郸市 2015 年淡水产品价值量计算成果

核算主体	产品类型		产量/t	单价(元/t)	价值/万元
经济体	人工养殖水产品	鱼	32 645	12 400	40 479.70
		虾蟹	1 155	64 875	7 491.54
	野生水产品	鱼	1 211	19 000	2 301.05
		虾蟹	12	86 000	105.20
	小计		35 023		50 377.49
环境	野生水产品	鱼	806	19 000	1 530.51
		虾蟹	8	86 000	69.98
	小计		814		1 600.49
合计			35 837		51 977.98

5.5.3.2　调节服务价值量核算

1. 水源涵养价值量

水源涵养价值量核算主要采用替代成本法,分别以经济体和环境对应的水源涵养功能量作为衡量指标,结合单位平均供水价值,对经济体和环境对应水源涵养价值量进行核算。2014 年和 2015 年邯郸市单位平均供水价值分别为 0.89 元/m³ 和 0.88 元/m³,则邯郸市 2014 年和 2015 年水源涵养价值量分别为 94 801.29 万元和 76 809.57 万元,计算成果详见表 5-37。

表 5-37　邯郸市 2014 年和 2015 年水源涵养价值量计算成果

年份	经济体		环境		合计	
	功能量/万 m³	价值量/万元	功能量/万 m³	价值量/万元	功能量/万 m³	价值量/万元
2014	17 638	15 697.82	88 880.3	79 103.47	106 518.3	94 801.29
2015	18 190	16 007.20	69 093.6	60 802.37	87 284.6	76 809.57

2. 固碳释氧价值量

固碳释氧价值量核算以固碳释氧功能量为基础,采用造林成本法和工业制氧成本法分别核算水生态系统固碳和释氧的经济价值。

造林成本以欧阳志云(2016)在《生态系统生产总值(GEP)核算方法研究与应用》中所采用的 2014 年造林成本 312 元/t 为基准,通过价格指数折算出 2015 年造林成本为 319 元/t。工业制氧成本采用市场价格进行推算,市场销售 40 L 规格氧气瓶储气量为 4 m³,氧气密度为 1.429 g/L,每瓶销售价格按 25 元计,折合 4 370 元/t。

依据式(3-28)及式(3-29),计算得出邯郸市 2014 年和 2015 年固碳释氧价值量分别为 30 269.03 万元和 23 407.11 万元。其中,2014 年经济体和环境固碳释氧价值量分别为 21 361.25 万元和 8 907.78 万元,2015 年经济体和环境固碳释氧价值量分别为 18 798.85 万元和 4 608.26 万元。邯郸市 2014 年和 2015 年固碳释氧价值量计算成果详见表 5-38 和表 5-39。

表 5-38　邯郸市 2014 年固碳释氧价值量计算成果

核算主体	类别	水面面积/km²	功能量/t			价值量/万元		
			固碳量	释氧量	小计	固碳价值	释氧价值	小计
经济体	水库	44.60	17 840	47 579	65 419	569.10	20 792.15	21 361.25
	河流	17.37	6 948	18 530	25 478	221.64	8 097.75	8 319.39
环境	湖泊	4.65	335	893	1 228	10.68	390.20	400.88
	湿地	5.40	157	418	575	5.00	182.51	187.51
	小计	27.42	7 440	19 841	27 281	237.32	8 670.46	8 907.78
合计		72.02	25 280	67 420	92 700	806.42	29 462.61	30 269.03

表 5-39　邯郸市 2015 年固碳释氧价值量计算成果

核算主体	类别	水面面积/km²	功能量/t			价值量/万元		
			固碳量	释氧量	小计	固碳价值	释氧价值	小计
经济体	水库	39.25	15 700	41 872	57 572	500.83	18 298.02	18 798.85
	河流	8.38	3 352	8 940	12 292	106.93	3 906.69	4 013.61
环境	湖泊	4.65	335	893	1 228	10.68	390.20	400.88
	湿地	5.58	162	432	594	5.16	188.60	193.76
	小计	18.61	3 849	10 265	14 114	122.77	4 485.49	4 608.26
合计		57.86	19 549	52 137	71 686	623.60	22 783.51	23 407.11

3. 洪水调节价值量

依据洪水调节价值量计算方法,洪水调节价值量为功能量与单位水库库容造价乘积。水库建设单位库容投资经咨询邯郸市水利水电勘测设计研究院关于一般中型水库单位库容投资概算经验,取值为 9.30 元/m³,则邯郸市 2014 年和 2015 年洪水调节价值量均为 910 879.20 万元。其中,经济体和环境对应洪水调节价值量分别为 879 780.00 万元和 31 099.20 万元。邯郸市 2014 年和 2015 年洪水调节价值量计算成果详见表 5-40。

表 5-40　邯郸市 2014 年和 2015 年洪水调节价值量计算成果

核算主体	类别	2014 年		2015 年	
		功能量/万 m³	价值量/万元	功能量/万 m³	价值量/万元
经济体	水库防洪库容	94 600	879 780.00	94 600	879 780.00
环境	湖泊洪水调蓄能力	484	4 501.20	484	4 501.20
	湿地洪水调蓄能力	2 860	26 598.00	2 860	26 598.00
	小计	3 344	31 099.20	3 344	31 099.20
合计		97 944	910 879.20	97 944	910 879.20

4. 水质净化价值量

邯郸市水质净化价值量核算采用替代成本法。COD 和氨氮治理成本以 2014 年国家发展和改革委员会《关于调整排污费征收标准等有关问题的通知》中要求的"将污水中的化学需氧量、氨氮和五项主要重金属(铅、汞、铬、镉、类金属砷)污染物排污费征收标准调整至不低于每污染当量 1.4 元"为依据,选取每污染当量最低治理费用为 1.4 元,则计算得 COD 和氨氮治理成本分别为 1 400 元/t 和 1 750 元/t。经计算,邯郸市 2014 年和 2015 年水质净化价值量分别为 1 082.52 万元和 928.63 万元,详见表 5-41。

表 5-41　邯郸市 2014 年和 2015 年水质净化价值量计算成果

年份	水质净化功能量/t				水质净化价值量/万元						合计
	经济体		环境		经济体			环境			
	COD	氨氮	COD	氨氮	COD	氨氮	小计	COD	氨氮	小计	
2014	4 664.84	367.42	1 437.55	936.44	653.08	64.30	717.38	201.26	163.88	365.14	1 082.52
2015	4 982.16	282.58	113.12	947.63	697.50	49.45	746.95	15.84	165.84	181.68	928.63

5. 气候调节价值量

气候调节价值量核算以功能量核算成果为基础,结合核算区域一般生活用电价格,推算区域气候调节价值量。邯郸市一般生活用电价格为 0.52 元/(kW·h),则邯郸市 2014 年和 2015 年气候调节价值量分别为 1 391 884.00 万元和 1 138 176.00 万元,计算成果详见表 5-42。

表 5-42　邯郸市 2014 年和 2015 年气候调节功能量计算成果

核算主体	功能量/(亿 kW·h)		价值量/万元	
	2014 年	2015 年	2014 年	2015 年
经济体	165.76	148.48	861 952.00	772 096.00
环境	101.91	70.40	529 932.00	366 080.00
合计	267.67	218.88	1 391 884.00	1 138 176.00

6. 维持种群栖息地价值量

维持种群栖息地价值量主要由邯郸市各水体水面面积与单位面积淡水生物多样性维持价格的乘积得到。邯郸市单位面积淡水生物多样性维持价格参考谢高地(2003)《青藏高原生态资产的价值评估》中我国水体生态系统单位面积的生物多样性维持价格 2 203.3 元/(hm²·a),经贴现率计算取值为 41.82 万元/(km²·a)。依据式(3-34)计算可得,邯郸市 2014 年和 2015 年维持种群栖息地价值量分别为 3 011.87 万元和 2 419.71 万元,计算成果详见表 5-43。

表 5-43 邯郸市 2014 年和 2015 年维持种群栖息地价值量计算成果

核算主体	类别	2014 年		2015 年	
		水面面积/km²	总价值/万元	水面面积/km²	总价值/万元
经济体	水库	44.60	1 865.17	39.25	1 641.44
环境	河流	17.37	726.41	4.65	194.46
	湖泊	4.65	194.46	5.58	233.36
	湿地	5.40	225.83	8.38	350.45
	小计	27.42	1 146.70	18.61	778.27
合计		72.02	3 011.87	57.86	2 419.71

5.5.3.3 文化服务价值量核算

根据旅游服务价值量核算方法,需要对涉及的不同旅游景点的旅游人数、消费者平均旅行费用、平均游览时间、社会工资率等参数进行调查统计。由式(3-37)计算可得,邯郸市 2014 年和 2015 年旅游服务价值量分别为 116 850.00 万元和 141 690.00 万元,详见表 5-44 和表 5-45。

表 5-44 邯郸市 2014 年旅游服务价值量计算成果

旅游点	旅游总人数/万人	消费者平均旅行费用/元	旅游平均浏览时间/h	平均社会工资率/(元/h)	价值量/万元
广府古城	143	150	5	20	35 750.00
京娘湖	104	100	7	20	24 960.00
娲皇宫	239	100	5	20	47 800.00
南湖	55	0	3	20	3 300.00
北湖	84	0	3	20	5 040.00
合计	625				116 850.00

表 5-45 邯郸市 2015 年旅游服务价值量计算成果

旅游点	旅游总人数/万人	消费者平均支出/元	旅游平均浏览时间/h	平均社会工资率/(元/h)	价值量/万元
广府古城	165	150	5	22	42 900.00
京娘湖	120	100	7	22	30 480.00
娲皇宫	275	100	5	22	57 750.00
南湖	63	0	3	22	4 158.00
北湖	97	0	3	22	6 402.00
合计	720				141 690.00

5.5.3.4　水生态资产价值量

由各项水生态系统服务价值量汇总可得水生态资产价值量。邯郸市 2014 年水生态资产价值量约为 286.42 亿元,其中经济体约 211.89 亿元,占资产价值总量的 74.0%;环境约为 74.53 亿元,占资产价值总量的 26.0%。2015 年水生态资产价值量约为 256.76 亿元,其中,经济体约 205.64 亿元,占资产价值总量的 80.1%;环境约为 51.11 亿元,占资产价值总量的 19.9%。邯郸市 2014 年和 2015 年水生态资产价值量计算成果详见表 5-46。

表 5-46　邯郸市 2014 年和 2015 年水生态资产价值量计算成果　　单位:万元

指标名称	2014 年			2015 年		
	环境	经济体	小计	环境	经济体	小计
供给服务价值量	94 774.86	220 659.95	315 434.81	47 599.36	225 642.80	273 242.16
供水	5 584.75	178 715.95	184 300.70	2 948.88	171 247.22	174 196.10
水力发电	87 821.01	4 158.99	91 980.00	43 050.00	4 018.09	47 068.09
淡水产品	1 369.10	37 785.01	39 154.11	1 600.48	50 377.49	51 977.97
调节服务价值量	650 554.28	1 781 373.6	2 431 927.89	463 549.77	1 689 070.44	2 152 620.21
水源涵养	79 103.47	15 697.82	94 801.29	60 802.37	16 007.20	76 809.57
固碳释氧	8 907.78	21 361.24	30 269.02	4 608.26	18 798.85	23 407.11
洪水调节	31 099.20	879 780.00	910 879.20	31 099.20	879 780.00	910 879.20
水质净化	365.13	717.38	1 082.51	181.67	746.95	928.62
气候调节	529 932.00	861 952.00	1 391 884.00	366 080.00	772 096.00	1 138 176.00
维持种群栖息地	1 146.70	1 865.17	3 011.87	778.27	1 641.44	2 419.71
文化服务价值量		116 850.00	116 850.00		141 690.00	141 690.00
旅游服务	—	116 850.00	116 850.00	—	141 690.00	141 690.00
合计	745 329.14	2 118 883.56	2 864 212.70	511 149.13	2 056 403.24	2 567 552.37

5.6　水生态负债核算

随着国民经济的快速发展,邯郸市用水量激增。由于地表水严重不足,为满足用水需求,被迫大量持续超采地下水。地下水的超采造成了地下水降落漏斗范围扩大、地面沉降、地裂缝等一系列严重后果。同时,生活生产废污水超量排入河道,河道污染加剧,叠加河道来水量不断减少,水环境问题愈加严重。总之,邯郸市对水资源水环境的不合理利用,形成了对自然环境的负债。在对邯郸市水生态负债进行核算时,考虑邯郸市水资源开发利用状况,分别对过量取水、污染物过度排放和过度捕捞形成的负债进行了核算。

5.6.1 负债功能量核算

5.6.1.1 过量取水

邯郸市过量取水形成的负债包括经济体直接挤占环境的水量和与其相关的水生态系统服务造成损害而引起的相应功能量的损失。

1. 经济体挤占环境水量核算

经济体挤占环境水量包括地表水过度取水量、浅层地下水超采量和深层地下水开采量。

1) 地表水过度取水量

地表水过度取水量应在确定了地表水开发利用上限(阈值)基础上,通过与地表水取水量的比较,进而推算经济体挤占环境水量而形成的负债。邯郸市地表水开发利用上限以本区域地表水资源量的 40% 以及外调水分配量和过境河流允许提取水量之和作为区域负债发生的临界值。区域地表水资源量的 40% 以及外调水分配量由水资源公报数据进行推算。过境河流允许提取水量主要指邯郸市漳河(清漳河、浊漳河和漳河)、卫河、马会河和淤泥河的沿河允许取水量,其中漳河取水量按 1989 年国务院《漳河水量分配方案》(国发〔1989〕42 号)进行分配;卫河水量暂无分配原则,但由于水质较差,只能在汛期少量利用,本次卫河允许取水量暂取沿河实际提取水量;而马会河和淤泥河由于来水量较小,现状水量被全部利用,来水量即为允许取水量。经计算,邯郸市 2014 年和 2015 年地表水开发利用阈值分别为 45 702 万 m³ 和 38 985 万 m³,详见表 5-47。而邯郸市 2014 年和 2015 年地表水开发利用量分别为 64 325 万 m³ 和 48 954 万 m³,则因地表水过量取水而使经济体挤占环境水量形成的负债分别为 18 623 万 m³ 和 9 969 万 m³。

表 5-47 邯郸市 2014 年和 2015 年地表水开发利用阈值计算成果 单位:万 m³

分类		2014 年	2015 年
区域地表水资源 40%		13 790	11 934
调入水量		3 305	6 402
过境河流允许提取水量	漳河	24 723	18 195
	卫河	2 821	1 598
	马会河	682	549
	淤泥河	381	307
	小计	28 607	20 649
合计		45 702	38 985

2) 浅层地下水超采量

浅层地下水超采量为浅层地下水开采量与可开采量之差。邯郸市 2014 年和 2015 年浅层地下水开采量分别为 102 490 万 m³ 和 110 559 万 m³,与当期地下水可开采量相比较,开采浅层地下水而使经济体挤占环境水量形成的负债分别为 38 910 万 m³ 和 43 219 万 m³。

3）深层地下水开采量

深层地下水开采量即为挤占环境水量。邯郸市 2014 年和 2015 年深层地下水开采量分别为 34 599 万 m³ 和 34 299 万 m³，则开采深层地下水而使经济体挤占环境水量形成的负债分别为 34 599 万 m³ 和 34 299 万 m³。

综上所述，由于邯郸市水资源的不合理开发利用，2014 年和 2015 年因过量取水而使经济体挤占环境水量形成的负债以功能量表示分别为 92 132 万 m³ 和 87 487 万 m³。

2. 间接受影响水生态系统服务的负债核算

过量取水形成的间接受影响水生态系统服务的负债核算主要通过比较取水量处于临界限制使用水量与过量取水两种情景下各类水生态系统服务提供的功能量的不同，间接核算受影响水生态系统服务的损失量即负债量。考虑邯郸市水生态系统服务类型，主要针对淡水产品和水力发电 2 类供给服务和水源涵养、固碳释氧、水质净化、气候调节、维持种群栖息地 5 类调节服务共 7 类服务受过量取水影响而形成的损失进行分析和核算。

1）淡水产品

过量取水导致淡水产品服务形成损失主要是由于临界限制使用水量与过量取水两种情景下各水体年平均水面面积变化所引起的。年平均水面面积对人工养殖水产品影响较小，只考虑对野生水产品的影响。邯郸市适合野生水产品生长的环境集中在岳城水库和东武仕水库，则需要对 2014 年和 2015 年地表水开发利用量处于临界限制使用水量（45 702 万 m³ 和 38 985 万 m³）情景时 2 座水库年平均水面面积进行计算。在将节省水量用于河道下泄补水，2 座水库经兴利调节计算后，东武仕水库在两种情景下年平均水面面积无变化，岳城水库 2014 年和 2015 年在临界限制使用水量情景下比过量取水情景分别增加 1.11 km² 和 0.73 km²。参考淡水产品功能量核算方法，则邯郸市 2014 年和 2015 年由于过量取水导致淡水产品形成负债量分别为 72.15 t 和 47.45 t。

2）水力发电

邯郸市水力发电服务形成的损失可由临界限制使用水量与过量取水两种情景下水能蕴藏量的差值表征，主要涉及参数为河道流量的变化。临界限制使用水量情景下河道流量应分段逐月进行推算，河段划分依据邯郸市水功能区划，各河段逐月平均流量计算以核算期各河段逐月地表水天然来水量为基准，按河段内地表水临界限制使用水量扣除用水量后，推算得到各河段逐月平均流量。经计算，临界限制使用水量情景下，邯郸市 2014 年和 2015 年水能蕴藏量分别为 23.65 亿 kW·h 和 12.55 亿 kW·h，则因过量取水，邯郸市 2014 年和 2015 年水力发电服务损失量分别为 1.75 亿 kW·h 和 1.34 亿 kW·h。

3）水源涵养

邯郸市过量取水造成水源涵养服务功能量损失的主要原因，是临界限制使用水量与过量取水两种情景下各水体蓄水量和入渗水量以及渠系和田间入渗量等的不同。经计算，邯郸市 2014 年和 2015 年由于过量取水导致水源涵养功能量损失分别为 3 599 万 m³ 和 1 125 万 m³，详见表 5-48。

4）固碳释氧

固碳释氧因过量取水而形成的负债以临界限制使用水量与过量取水两种情景下各类水体年平均水面面积差值为衡量指标，结合各类水体单位面积固碳率和固碳释氧转换率，分别对固碳和释氧功能量的损失进行核算。经计算,邯郸市 2014 年和 2015 年因过量取水导致的固碳释氧功能量损失分别为 1 088 t 和 410 t,详见表 5-49 和表 5-50。

表 5-48　邯郸市 2014 年和 2015 年过量取水致水源涵养形成负债量计算成果

单位:万 m³

分类	2014 年			2015 年		
	过量取水	临界限制用水	差值	过量取水	临界限制用水	差值
水库蓄积量	0	725	725	0	0	0
水库渗漏补给量	6 683	7 935	1 252	6 447	6 474	27
渠系渗漏补给量	5 975	4 245	-1 730	6 405	5 101	-1 304
渠灌田间入渗补给量	4 980	3 538	-1 442	5 338	4 251	-1 087
湖泊蓄积量	0	0	0	0	0	0
湿地蓄积量	2.3	2.3	0	3.6	3.6	0
湖泊入渗补给量	115	115	0	113	113	0
湿地入渗补给量	67	67	0	77	77	0
降水入渗补给量	73 743	73 743	0	56 641	56 641	0
河道入渗补给量	14 631	19 425	4 794	11 937	15 426	3 489
山前侧向补给量	322	322	0	322	322	0
合计	106 518.3	110 118.3	3 599	87 284.6	88 408.6	1 125

表 5-49　邯郸市 2014 年固碳释氧服务因过量取水而形成的功能量损失

水体类别	水面面积/km²			功能量/t	
	过量取水	临界限制用水	差值	固碳量	释氧量
水库	44.60	45.26	0.66	264	704
湖泊	4.65	4.65	0	0	0
湿地	5.40	5.40	0	0	0
河流	17.37	18.50	1.13	33	87
小计	72.02	73.31	1.79	297	791

表 5-50　邯郸市 2015 年固碳释氧服务因过量取水而形成的功能量损失

水体类别	水面面积/km²			功能量/t	
	过量取水	临界限制用水	差值	固碳量	释氧量
水库	39.25	39.51	0.26	104	277
湖泊	4.65	4.65	0	0	0
湿地	5.58	5.58	0	0	0
河流	8.38	8.65	0.27	8	21
小计	57.86	58.39	0.53	112	298

5)水质净化

过量取水对邯郸市水质净化服务功能量造成的损失,可由临界限制使用水量与过量取水两种情景下各水体水环境容量的差值进行表示。由于湿地在临界限制使用水量与过量取水两种情景下蓄水量无变化,其水质净化服务功能量不受影响,则只考虑水功能区水质净化服务因过量取水而形成的功能量损失。由表5-51和表5-52可知,邯郸市2014年和2015年因过量取水使水质净化服务功能量受损分别为6 303.55 t和2 945.48 t。其中,2014年过量取水致使COD和氨氮净化服务功能量分别减少5 980.33 t和323.22 t;2015年过量取水致使COD和氨氮净化服务功能量分别减少2 800.00 t和145.48 t。

表5-51　邯郸市2014年水质净化服务因过量取水而形成的功能量损失　　　单位:t

水功能区名称	过量取水		临界限制用水		差值	
	COD	氨氮	COD	氨氮	COD	氨氮
滏阳河邯郸饮用水源区1	0	0	0	0	0	0
滏阳河邯郸饮用水源区2	0	0	0	0	0	0
滏阳河邯郸农业用水区	5 063.86	303.19	6 810.02	407.74	1 746.16	104.55
洺河邯郸农业用水区1	220.44	11.81	778.94	41.73	558.50	29.92
洺河邯郸农业用水区2	266.81	12.78	873.20	41.83	606.39	29.05
支漳河邯郸农业用水区	11.53	0.62	163.43	7.91	151.90	7.29
留垒河邯郸农业用水区	2.13	0.15	167.17	8.03	165.04	7.88
漳河邯郸农业用水区	77.6	3.69	2 829.94	148.22	2 752.34	144.53
浊漳河邯郸缓冲区	0	0	0	0	0	0
清漳河邯郸缓冲区	0	0	0	0	0	0
清漳河邯郸饮用水源区	0	0	0	0	0	0
清漳河邯郸缓冲区	0	0	0	0	0	0
漳河岳城水库上游缓冲区	0	0	0	0	0	0
岳城水库水源保护区	0	0	0	0	0	0
卫河邯郸缓冲区	0	0	0	0	0	0
卫河邯郸农业用水区	0	0	0	0	0	0
卫运河邯郸缓冲区	0	0	0	0	0	0
马颊河邯郸缓冲区	0	0	0	0	0	0
合计	5 642.37	332.24	11 622.70	655.46	5 980.33	323.22

表 5-52　邯郸市 2015 年水质净化服务因过量取水而形成的功能量损失　　　单位:t

水功能区名称	过量取水		临界限制用水		差值	
	COD	氨氮	COD	氨氮	COD	氨氮
滏阳河邯郸饮用水源区 1	0	0	0	0	0	0
滏阳河邯郸饮用水源区 2	0	0	0	0	0	0
滏阳河邯郸农业用水区	4 184.45	223.25	4 855.75	259.07	671.30	35.82
洺河邯郸农业用水区 1	173.13	8.66	601.37	30.08	428.24	21.42
洺河邯郸农业用水区 2	208.14	10.41	539.27	26.97	331.13	16.56
支漳河邯郸农业用水区	11.35	0.57	56.75	2.85	45.40	2.28
留垒河邯郸农业用水区	1.89	0.09	41.24	1.98	39.35	1.89
漳河邯郸农业用水区	47.28	2.25	1 331.86	69.76	1 284.58	67.51
浊漳河邯郸缓冲区	0	0	0	0	0	0
清漳河邯郸缓冲区	0	0	0	0	0	0
清漳河邯郸饮用水源区	0	0	0	0	0	0
清漳河邯郸缓冲区	0	0	0	0	0	0
漳河岳城水库上游缓冲区	0	0	0	0	0	0
岳城水库水源保护区	0	0	0	0	0	0
卫河邯郸缓冲区	0	0	0	0	0	0
卫河邯郸农业用水区	0	0	0	0	0	0
卫运河邯郸缓冲区	0	0	0	0	0	0
马颊河邯郸缓冲区	0	0	0	0	0	0
合计	4 626.24	245.23	7 426.24	390.71	2 800.00	145.48

6）气候调节

过量取水对气候调节服务影响而形成的负债为临界限制使用水量与过量取水两种情景下水面面积差值与单位水面蒸发消耗能量的乘积。邯郸市 2014 年和 2015 年临界限制使用水量与过量取水两种情景下水体面积的差值分别为 1.79 km^2 和 0.53 km^2,则 2014 年和 2015 年气候调节服务因过量取水而形成负债的功能量分别为 6.65 亿 kW·h 和 2.00 亿 kW·h。

7）维持种群栖息地

过量取水对维持种群栖息地服务影响而形成的负债为临界限制使用水量与过量取水两种情景下水体面积的差值,则邯郸市 2014 年和 2015 年维持种群栖息地服务因过量取水形成负债的功能量分别为 1.79 km^2 和 0.53 km^2。

5.6.1.2　污染物过度排放

由于邯郸市地表水资源短缺,较差水质也被用于农业灌溉,污染物过度排放对供水量基本无影响。本次污染物过度排放是否产生负债只考虑水质净化服务,并且对邯郸市各水功能区和湿地进行独立核算。

1. 湿地水质净化服务负债功能量核算

对于湿地,通过对比永年洼湿地不同污染物水环境容量与污染物排放量确定负债功能量,核算指标包括 COD 和氨氮两类污染物。经计算,邯郸市永年洼湿地 2014 年和 2015 年 COD 和氨氮污染物排放量均小于水环境容量,则湿地水质净化服务不存在负债,详见表 5-53。

表 5-53　邯郸市 2014 年和 2015 年湿地水质净化服务负债功能量计算成果　　单位:t

类别	2014 年		2015 年	
	COD	氨氮	COD	氨氮
水环境容量	460.02	966.04	469.04	984.98
排污量	337.4	39.7	374.89	44.11
负债量	0	0	0	0

2. 邯郸市各水功能区水质净化服务负债功能量核算

对于邯郸市各水功能区,将不同污染物在各功能区的水环境容量定为阈值,分别确定各水功能区中不同污染物是否过度排放,并以各水功能区中不同污染物的超排量作为负债量,汇总后形成水质净化服务所产生负债的功能总量。

通过对比 2014 年和 2015 年邯郸市各功能区 COD 和氨氮的水环境容量与排放量,计算得出邯郸市 2014 年水质净化服务负债功能量为 5 356.39 t,其中 COD 为 4 546.53 t、氨氮为 809.86 t,详见表 5-54;2015 年水质净化服务负债功能量为 6 272.00 t,其中 COD 为 5 252.70 t、氨氮为 1 019.30 t,详见表 5-55。

表 5-54　邯郸市 2014 年各水功能区水质净化服务负债功能量计算成果　　单位:t

水功能区名称	水环境容量		排放量		负债量	
	COD	氨氮	COD	氨氮	COD	氨氮
滏阳河邯郸饮用水源区 1	0	0	27.54	5.4	27.54	5.4
滏阳河邯郸饮用水源区 2	0	0	6.03	0.18	6.03	0.18
滏阳河邯郸农业用水区	5 063.86	303.19	3 748.93	441.08	0	137.89
洺河邯郸农业用水区 1	220.44	11.81	833.4	1.71	612.96	0
洺河邯郸农业用水区 2	266.81	12.78	3 888.08	646.92	3 621.27	634.14
支漳河邯郸农业用水区	11.53	0.62	43.38	8.96	31.85	8.34
留垒河邯郸农业用水区	2.13	0.15	2.97	1.78	0.84	1.63
漳河邯郸农业用水区	77.6	3.69	300.96	25.65	223.36	21.96
浊漳河邯郸缓冲区	0	0	0	0	0	0
清漳河邯郸缓冲区	0	0	0	0	0	0

续表 5-54

水功能区名称	水环境容量		排放量		负债量	
	COD	氨氮	COD	氨氮	COD	氨氮
清漳河邯郸饮用水源区	0	0	0	0	0	0
清漳河邯郸缓冲区	0	0	0	0	0	0
漳河岳城水库上游缓冲区	0	0	0	0	0	0
岳城水库水源保护区	0	0	22.68	0.32	22.68	0.32
卫河邯郸缓冲区	0	0	0	0	0	0
卫河邯郸农业用水区	0	0	0	0	0	0
卫运河邯郸缓冲区	0	0	0	0	0	0
马颊河邯郸缓冲区	0	0	0	0	0	0
合计	5 642.37	332.24	8 873.97	1 132	4 546.53	809.86

表 5-55 邯郸市 2015 年各水功能区水质净化服务负债功能量计算成果 单位:t

水功能区名称	过量取水		临界限制用水		差值	
	COD	氨氮	COD	氨氮	COD	氨氮
滏阳河邯郸饮用水源区 1	0	0	30.6	6	30.6	6
滏阳河邯郸饮用水源区 2	0	0	6.7	0.2	6.7	0.2
滏阳河邯郸农业用水区	4 184.45	223.25	4 165.48	490.09	0	266.84
洺河邯郸农业用水区 1	173.13	8.66	926	1.9	752.87	0
洺河邯郸农业用水区 2	208.14	10.41	4 320.09	718.8	4 111.95	708.39
支漳河邯郸农业用水区	11.35	0.57	48.2	9.95	36.85	9.38
留垒河邯郸农业用水区	1.89	0.09	3.3	1.98	1.41	1.89
漳河邯郸农业用水区	47.28	2.25	334.4	28.5	287.12	26.25
浊漳河邯郸缓冲区	0	0	0	0	0	0
清漳河邯郸缓冲区	0	0	0	0	0	0
清漳河邯郸饮用水源区	0	0	0	0	0	0
清漳河邯郸缓冲区	0	0	0	0	0	0
漳河岳城水库上游缓冲区	0	0	0	0	0	0
岳城水库水源保护区	0	0	25.2	0.35	25.2	0.35
卫河邯郸缓冲区	0	0	0	0	0	0
卫河邯郸农业用水区	0	0	0	0	0	0
卫运河邯郸缓冲区	0	0	0	0	0	0
马颊河邯郸缓冲区	0	0	0	0	0	0
合计	4 626.24	245.23	9 859.97	1 257.77	5 252.70	1 019.30

　　邯郸市水质净化服务负债功能量为湿地和各水功能区水质净化服务负债量之和,由于湿地水质净化服务不存在负债量,则各水功能区水质净化服务负债功能量即为邯郸市水质净化服务负债功能量。

5.6.1.3　过度捕捞

　　依据过度捕捞形成负债确认方法,野生水产品捕捞量超过野生水产品总量的40%即产生负债。邯郸市2014年和2015年野生水产品总量分别为2 308 t和2 037 t,而野生水产品捕捞量分别为1 228 t和1 223 t,捕捞量均超过负债发生临界值,则邯郸市2014年和2015年过度捕捞形成负债功能量分别为305 t和408 t,详见表5-56。

表5-56　邯郸市2014年和2015年过度捕捞形成负债功能量计算成果　　　单位:t

分类	2014 年	2015 年
野生水产品总量	2 308	2 037
临界限定功能量	923	815
捕捞量	1 228	1 223
负债量	305	408

5.6.2　负债价值量核算

5.6.2.1　过量取水

　　在对过量取水致使环境水量被挤占以及相关的水生态系统服务造成损害而引起相应功能量的损失分析的基础上,参考水生态资产价值量核算中环境主体价值量计算方法,对过量取水引起负债价值量进行核算。经计算,邯郸市2014年和2015年因过量取水产生负债的价值量分别为128 545.89万元和94 673.31万元,详见表5-57。

表5-57　邯郸市2014年和2015年过量取水形成负债价值量计算成果　　　单位:万元

分类	2014 年	2015 年
供水	81 997.48	76 988.56
淡水产品	91.49	93.33
水力发电	7 350.00	5 628.00
水源涵养	3 203.11	990.00
气候调节	34 580.00	10 400.00
维持种群栖息地	74.86	22.16
固碳释氧	355.14	133.80
水质净化	893.81	417.46
合计	128 545.89	94 673.31

5.6.2.2　污染物过度排放

　　污染物过度排放负债价值量核算采用替代成本法。邯郸市2014年水质净化服务负

债功能量 COD 为 4 546.53 t、氨氮为 809.86 t;2015 年水质净化服务负债功能量 COD 为
5 252.70 t、氨氮为 1 019.30 t。COD 和氨氮治理成本分别以 1 400 元/t 和 1 750 元/t 计,
则邯郸市 2014 年和 2015 年因污染物过度排放致使水质净化服务产生负债的价值量分别
为 778.24 万元和 913.76 万元。

5.6.2.3　过度捕捞

邯郸市过度捕捞负债价值量核算主要采用替代成本法,以过度捕捞形成负债功能量
作为衡量指标,结合野生鱼和虾蟹产品现行市场单价衡量其价值。经计算,邯郸市 2014
年和 2015 年过度捕捞形成负债价值量分别为 386.87 万元和 803.56 万元,计算成果详见
表 5-58。

表 5-58　邯郸市 2014 年和 2015 年过度捕捞形成负债价值量计算成果

分类		功能量/t		价值量/万元	
		2014 年	2015 年	2014 年	2015 年
野生水产品	鱼	2 285	2 017	2 741.96	3 831.55
	虾蟹	23	20	184.64	175.18
	小计	2 308	2 037	2 926.60	4 006.73
临界限定功能量	鱼	914	807	1 096.78	1 532.62
	虾蟹	9	8	73.86	70.07
	小计	923	815	1 170.64	1 602.69
捕捞量	鱼	1 216	1 211	1 459.24	2 301.05
	虾蟹	12	12	98.27	105.20
	小计	1 228	1 223	1 557.50	2 406.25
负债量	鱼	302	404	362.46	768.43
	虾蟹	3	4	24.41	35.13
	小计	305	408	386.87	803.56

5.6.2.4　负债价值量

汇总邯郸市因过量取水、污染物过度排放和过度捕捞所形成负债产生的价值量,得到
邯郸市水生态资产负债价值量。邯郸市 2014 年和 2015 年水生态资产负债价值量分别为
129 710.98 万元和 96 390.64 万元,详见表 5-59。

表 5-59　邯郸市 2014 年和 2015 年水生态资产负债价值量汇总　　单位:万元

分类	2014 年	2015 年
过量取水	128 545.88	94 673.32
污染物过度排放	778.24	913.76
过度捕捞	386.86	803.56
合计	129 710.98	96 390.64

5.7　水生态资产负债表

邯郸市水生态资产核算以 2014 年为期初,2015 年为期末,分别将期初和期末水生态资产项和负债项经济价值核算结果填入水生态资产负债表表式结构中,形成邯郸市水生态资产负债表,详见表 5-60。

表 5-60　邯郸市水生态资产负债　　　　　　单位:万元

各项目类型	2014 年			2015 年		
	环境	经济体	合计	环境	经济体	合计
一、水生态资产	745 329.14	2 118 883.56	2 864 212.70	511 149.13	2 056 403.24	2 567 552.37
1.供给服务	94 774.86	220 659.95	315 434.81	47 599.36	225 642.8	273 242.16
①供水	5 584.75	178 715.95	184 300.70	2 948.88	171 247.22	174 196.1
②水力发电	87 821.01	4 158.99	91 980.00	43 050.00	4 018.09	47 068.09
③淡水产品	1 369.10	37 785.01	39 154.11	1 600.48	50 377.49	51 977.97
④生物原料	—	—	—	—	—	—
⑤燃料	—	—	—	—	—	—
⑥内陆航运	—	—	—	—	—	—
2.调节服务	650 554.28	1 781 373.61	2 431 927.89	463 549.77	1 689 070.44	2 152 620.21
①水源涵养	79 103.47	15 697.82	94 801.29	60 802.37	16 007.20	76 809.57
②固碳释氧	8 907.78	21 361.24	30 269.02	4 608.26	18 798.85	23 407.11
③洪水调节	31 099.20	879 780.00	910 879.20	31 099.20	879 780.00	910 879.20
④水质净化	365.13	717.38	1 082.51	181.67	746.95	928.62
⑤气候调节	529 932.00	861 952.00	1 391 884.00	366 080.00	772 096.00	1 138 176.00
⑥维持种群栖息地	1 146.70	1 865.17	3 011.87	778.27	1 641.44	2 419.71
⑦病虫害防治	—	—	—	—	—	—
⑧土壤形成	—	—	—	—	—	—
3.文化服务	—	116 850.00	116 850.00		141 690.00	141 690.00
①旅游服务	—	116 850.00	116 850.00	—	141 690.00	141 690.00
二、水生态负债		129 710.99	129 710.99		96 390.63	96 390.63
1.过量取水		128 545.89	128 545.89		94 673.31	94 673.31
2.污染物过度排放		778.24	778.24		913.76	913.76
3.过度捕捞		386.86	386.86		803.56	803.56
4.水面转变为陆面		—	—		—	—
三、水生态资产净值			2 734 501.73			2 471 161.73

邯郸市 2014 年和 2015 年均为枯水年。通过邯郸市水生态资产负债表 5-6 可看出,邯郸市 2014 年从水生态系统获取服务的价值量要高于 2015 年,但对环境的掠夺也要比 2015 年较为严重。从整体看,邯郸市 2014 年水生态资产净值大于 2015 年。主要原因是 2014 年邯郸市地表水入境水量较大,东武仕水库和岳城水库调蓄过程中年平均水面面积比 2015 年偏大 4.37 km^2,各水生态系统服务价值量受此影响明显,尤其是气候调节服务

价值量增加显著。

5.8 小 结

本章以邯郸市为案例区,根据水生态资产负债表中资产项和负债项的核算思路,以2014年为期初,2015年为期末,对邯郸市水生态资产项中供给服务、调节服务和文化服务共3类服务的功能量和价值量进行了核算。其中,供给服务包括供水、水力发电、淡水产品共3类服务;调节服务包括水源涵养、固碳释氧、洪水调节、水质净化、气候调节、维持种群栖息地共6类服务;文化服务仅包含旅游服务。同时考虑邯郸市水生态资源开发利用状况,分别对过量取水、污染物过度排放和过度捕捞形成的负债进行了核算。在资产项和负债项价值量核算基础上,建立了邯郸市水生态资产负债表。通过核算,邯郸市2014年从水生态系统获取的产品和服务的价值量约286.42亿元,要高于2015年的约256.76亿元,主要原因是2014年地表水入境量偏多,岳城水库和东武仕水库在水量调蓄过程中年平均水面面积增加较多,气候调节服务价值量增加显著(见图5-9)。同样因2014年地表水来水较多,邯郸市当年利用地表水量较大,形成的负债量约12.97亿元,比2015年的约9.64亿元偏大,邯郸市2014年和2015年水生态资产负债率分别为4.5%和3.8%。邯郸市2015年水生态资产净值比2014年减少0.7%。

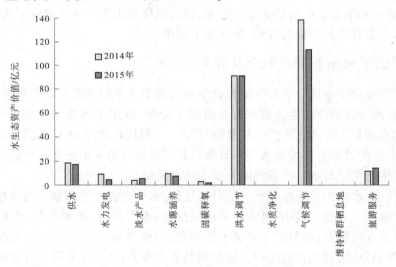

图5-9 邯郸市2014年和2015年水生态资产价值量对比分析

第 6 章　结论与展望

6.1　主要结论

　　资产负债表一开始是衡量与评价企业特定日期财务状况的会计报表,之后逐步引入到国民经济评价体系中,用于从宏观上把握国家经济状况。中共十八届三中全会后,我国在建设资源节约型、环境友好型社会的过程中,逐步降低了唯 GDP 的考核机制,旨在把资源消耗、环境损害、生态效益纳入经济社会发展评价体系中,建立促进绿色低碳循环发展的国民经济核算体系。水生态资产核算是评估水生态效益的基本前提,是将水生态效益纳入经济社会发展评价体系、完善发展成果考核评价体系与政绩考核制度的重要内容。

　　本书在系统分析资产和负债相关概念的基础上,对水生态资产和水生态负债进行了定义和分类,并参考国家资产负债表在核算科目、遵循恒等式、表式结构等方面的理论基础,结合水资源资产负债表最新研究成果以及环境经济核算体系对自然资源的核算思路和方法,建立了水生态资产负债表基本框架,最后以邯郸市为案例区进行了实例分析。通过对编制水生态资产负债表的探索,形成如下结论。

6.1.1　明确了水生态资产概念及分类

　　本书系统梳理了会计学、经济学、统计学和管理学等不同学科对资产概念和内涵的定义,并且对自然资源资产和生态资产概念进行了分析,确定了各学科和各类"资产"的一般属性,即"有权属"和"收益性"。在遵循"资产"一般属性的基础上,赋予水生态资产的含义为:所有者通过拥有和控制水生态资源及其环境而获得水生态产品和服务的价值,从而实现了水生态资产与水生态系统服务概念的有机结合。

　　通过对已有水生态系统服务分类的分析比较,水生态资产类型划分为供给服务、调节服务和文化服务三大类。其中,供给服务包括供水、水力发电、淡水产品、生物原料、燃料和内陆航运共 6 类服务;调节服务包括水源涵养、固碳释氧、洪水调节、水质净化、气候调节、维持种群栖息地、病虫害防治和土壤形成共 8 类服务;文化服务仅含有旅游服务。

6.1.2　确定了水生态负债形成机制及分类

　　负债,通常被认为是一种"欠账",无论从企业负债、环境负债还是从国家金融负债来看,其本质属性均存在债权方和债务方。本书将环境作为与经济体并列的虚拟主体引入水生态资产核算中,构建了关于经济体与环境的债权债务关系,满足负债存在的基本要求。通过对水生态系统面临人类社会压力、水生态系统自身功能变化、水生态系统向人类社会提供服务之间关系的详细阐述,明确了经济体和环境之间债权债务发生的临界条件,定义水生态负债为人类社会经济体对水生态系统的过度开发利用而引起的水生态系统状态发生与原有的平衡状态方向相反的位移,进而造成水生态系统服务水平的降低。以此为基础,将水生态负债划分与水生态系统压力种类相统一,水生态资产负债表包括过量取水、污染物过度排放、过度捕捞及水面转变为陆面共 4 类负债项。

6.1.3　设定了水生态负债发生的临界点

为了准确判断水生态负债是否发生,对不同类型的负债项均设定了临界值,用以判断负债的存在与否。

6.1.3.1　过量取水

过量取水划分为地表水过量取水和地下水过量取水。对于地表水,按流域整体考虑,将地表水资源量开发利用率 40%设定为地表水过量取水产生负债的临界值;对于某一区域而言,在水权得到分配的区域,以水权分配量作为负债发生的临界值,而在没有分配地表水资源权益的区域,取区域地表水资源量的 40%与外调水分配量及过境河流允许提取水量之和作为区域负债发生的临界值。对于地下水,浅层地下水以核算期可开采量为临界值判定负债是否发生,深层地下水认定开采即产生负债。

6.1.3.2　污染物过度排放

以区域水功能区划为对象,以各功能区不同污染物的纳污能力为阈值,通过对比经济体向各功能区排放的各类污染物是否超过水功能区纳污能力,来判断污染物排放是否过度。

6.1.3.3　过度捕捞

将野生水产品总量的 40%设定为捕捞是否过度的临界值,捕捞量超过该临界值即产生负债。

6.1.3.4　水面转变为陆面

由于水面转变为陆面使水生态系统全部服务项受到影响,认定其负债是否发生不考虑水面面积或水体容积缩小程度,只要水面转变为陆面即产生负债。

6.1.4　建立了水生态资产和负债项核算方法

水生态资产和负债项核算均包括功能量核算和经济价值量核算。水生态资产项核算主体包括经济体和环境,而负债项核算只对经济体,环境没有负债项。水生态资产功能量核算主要是对水生态系统提供的各项服务的实物量进行定量评价。经济体对应水生态系统向人类提供的最终产品和服务量,一般通过统计年鉴获取相关数据或由经济体对应水体推算相应功能量。环境对应水生态系统自身留存的产品和服务量,可由总功能量扣除经济体占有功能量间接得到或由环境对应水体直接推算相应功能量。水生态负债功能量核算主要是对经济体从水生态系统获取的各项服务挤占为保持水生态平衡应保留于环境中的服务,以及因此造成与之相关水生态系统服务水平的降低而进行的定量评价。经济体挤占环境的功能量可由经济体获取的功能量与临界限制功能量直接对比得到,而与之相关水生态系统服务水平的降低则通过比较水生态系统处于临界限制使用功能量与过量使用两种情景下各相关水生态系统服务所提供功能量的差异而得到。在功能量核算基础上,借助生态系统服务价值评估方法,可以得到水生态资产和负债项的经济价值量。

6.1.5　建立了水生态资产负债表表式结构

以国家资产负债表中所遵循恒等式、记账规则和应计制为指导,结合水资源资产负债表表式结构和环境经济核算思路与方法,遵循统计核算思路下资产负债表的基本理论,建立了水生态资产负债表表式结构。水生态资产负债表遵循"水生态资产=水生态负债+水生态资产净值"这一平衡关系,水生态资产净值作为资产负债表的平衡项。水生态资产负债表核算主体分为经济体和环境,以水生态资产债权和债务发生、转变或消失之时进行记录,环境主体没有负债项。考虑水生态资产纵栏所包含服务种类较多,不同类型服务的功能量和价值量计算方法差异较大,严格计算核算期内变化量较为困难,水生态资产负债表核算期只包括期初和期末。

6.1.6　开展了邯郸市水生态资产负债表编制的实例分析研究

以邯郸市为典型区开展了水生态资产负债表编制的实例分析。邯郸市 2015 年水生态资产总价值量为 256.76 亿元,相较于 2014 年的 286.42 亿元降低了 10.36%,而形成的负债量 9.64 亿元却比 2014 年的 12.97 亿元下降了 25.67%。主要原因是 2014 年邯郸市地表水入境水量较大,东武仕水库和岳城水库调蓄过程中年平均水面面积比 2015 年偏大 4.37 km²,造成了与面积相关水生态系统服务价值量受此影响有所增加,其中气候调节服务价值量增加最显著;同时因 2014 年地表水来水较多,遵循先用地表水后用地下水的原则,当年地表水量利用较大,形成的负债量也比 2015 年偏大。通过核算,邯郸市 2014 年和 2015 年水生态资产负债率分别为 4.5% 和 3.8%。邯郸市 2015 年水生态资产净资产 247.11 亿元比 2014 年的 273.45 亿元减少 9.6%。

通过对邯郸市水生态资产负债表的编制,证明了水生态资产负债表的可行性和必要性。水生态资产负债表不仅从纵向上——不同评估期体现了水生态资产的变化,也从横向上——评估期内反映了人类对生态系统的不合理利用程度或欠账情况。水生态资产负债表可以更加及时和准确地判断人类利用水生态系统所提供产品和服务的不当之处,为水生态保护和可持续利用提供依据和行动方向。

6.2　展　望

水生态资产负债表是运用资产负债表的形式来反映人类经济活动对水生态资产存量及其变化情况影响的重要工具,既是对自然资源资产负债表的拓展,也是进行水生态系统服务核算的创新性手段。由于自然资源资产负债表是近年来提出的新概念,具有明显的多学科交叉特征,其理论基础还很薄弱,技术方法也不成熟。本书针对水生态系统服务核算提出了水生态资产负债表编制研究方法,取得了一定的成果,但由于该领域概念新、内容广、多学科交叉特征明显,尚存在一些需要完善、改进和深入研究的方面。

(1)水生态资产涵盖内容需进一步完善。本书在对水生态资产分类过程中尽管借鉴了以往众多研究成果,但分类指标选择仍存在不全面的问题。尤其在文化服务方面,只将旅游服务列入资产核算范围,精神和灵感、美学、教育等比较难以认定的服务暂时并未列入。在以后的研究中,要进一步扩大水生态资产分类范围,使研究成果更加完善,让研究成果更具代表性和通用性。

(2)水生态系统服务中某些服务功能量和价值量的评估方法有待改进。水生态资产核算中准确合理确定某项水生态服务的功能量和价值量是决定最终成果是否合理的关键。从邯郸市水生态资产负债表中可知,气候调节服务和洪水调节服务价值量所占比例过大,其他较重要的服务如水质净化服务,却不能较合理地反映其价值量,需要在未来的研究中采用更合理的评估方法和参数的选择。

(3)水生态资产负债表编制在行政区域和流域范围各有重点和难点。应重点在流域范围内开展。在对行政分区进行水生态资产负债表的编制过程中,由于行政分区存在上下游、左右岸水量交换和用水分配等问题,其水量关系比流域要复杂,增加了区域供水功能总量、过量取水负债量、水功能区纳污能力等确认的困难。

(4)应开展地下水生态系统服务评估研究。本次研究中对地下水生态系统相关内容涉及较少,只是在供水服务功能量、水源涵养服务功能量以及浅层地下水超采和深层地下水开采负债量核算中对水量有涉及。而对地下水生态系统其他服务,并没有给出具体分类和具体的评估方法。同时,超量开采地下水所产生的负债目前只侧重于其直接影响价值,而对浅层地下水超采和深层地下水开采对水生态系统服务的间接影响认识不足,其造成的多种水生态系统服务遭受损失而引起的负债并未纳入过量取水负债核算中。因此,需要对地下水生态系统服务进行系统性的评估研究。

(5)地表水过量取水及过量捕捞临界值的设定需进一步研究。本书在认定地表水过量取水是否引起负债发生时,参考国际上普遍承认的地表水资源开发利用合理上限40%作为负债发生的临界值,虽然具有一定的合理性,但缺少充分的理论依据,如何合理确定地表水过量取水的临界值需要进一步研究。对于过量捕捞,参考了地表水合理开发利用上限指标,以野生水产品总量的40%为临界值,捕捞量超过该临界值即认定为产生负债。而过度捕捞概念中认定捕捞是否过度的标准,是人类的捕获量是否导致海洋或淡水水体中生存的某种鱼类种群不足以繁殖并补充种群数量。因此,过量捕捞临界值的设定需要结合核算区域水体情况、渔类种类、人类活动等因素做进一步研究。

(6)进一步对水生态系统压力-状态-响应进行阐述。人类与水生态系统的关系是一个动态过程,人类经济社会活动是产生多重压力的主要驱动因素,而压力影响生物多样性和自然生态系统的状态,可能导致自然生态系统的改变,这些改变反过来又对人类社会发展产生一定的消极影响,为了消除这类不利影响,人类必然采取相应的一些响应措施,进而再次驱动经济-社会-环境系统的改变,如此反复,不断推动人类社会经济发展与生态环境的动态平衡和和谐共处。在未来的研究中需要通过 DPSIR 链理论,即驱动力(Driving forces)、压力(Pressures)、状态(Status)、影响(Impacts)和响应(Responses),从可持续发展的角度来衡量人类经济社会活动和水生态系统之间的相互作用及影响。

参 考 文 献

[1] Christensen N L, Bartuska A M, Brown J H, et al. The Report of the Ecological Society of America Committee on the Scientific Basis for Ecosystem Management[J]. Ecological Applications, 1996,6(3): 665-691.

[2] 王金魁. 关于人水和谐相处的思考[J]. 现代农业科技,2010(1):301-302.

[3] 左其亭,毛翠翠. 人水关系的和谐论研究[J]. 中国科学院院刊,2012,27(4):469-477.

[4] Falkenmark M, Rockström J. Balancing Water for Humans and Nature: The New Approach in Ecohydrology[M]. First published by Earthscan in the UK and USA, 2004.

[5] Vörösmary C J, McIntyre P B, Gessner M O, et al. Global threats to human water security and river biodiversity[J]. Nature, 2010, 467(7315):555-561.

[6] 徐晓恩, 徐贤飞. 人类逐水而居,依水而生:铁腕治水,绿水青山[EB/OL]. http://gotrip. zjol. com. cn/system/2014/02/25/019876546. shtml, 2014-02-25.

[7] 王树谦, 陈南祥. 水资源评价与管理[M]. 北京:水利电力出版社,1996.

[8] Barnett T P, Pierce D W. When will Lake Mead go dry? [J]. Water Resources Research, 2008, 44, W3201.

[9] Wang X, Zhang J, Liu J, et al. Water resources planning and management based on system dynamics: a case study of Yulin City[J]. Environment, Development and Sustainability, 2011, 13(2): 331-351.

[10] Pengra B. The drying of Iran's Lake Urmia and its environmental consequences, United Nations Environmental Programme (UNEP), Global Environmental Alert Service (GEAS) Bulletin[EB/OL]. http://na. unep. net/geas/getUNEPPageWithArticleIDScript. php? article_id=79, 2016-02-12.

[11] Guan X, Liu W, Chen M. Study on the ecological compensation standard for river basin water environment based on total pollutants control[J]. Ecological Indicators, 2016, 69:446-452.

[12] Costanza R, D'Arge R, Groot R D, et al. The value of the world's ecosystem services and natural capital [J]. Nature, 1997b, 387(6330): 253-260.

[13] United Nations. Ecosystems and Human Well-Being: Synthesis[M]. Washington, DC: Island Press, 2005.

[14] TEEB. The Economics of Ecosystems and Biodiversity: Ecological and Economic Foundation[M]. London and Washington: Earthscan, 2010.

[15] 刘纪远, 岳天祥, 鞠洪波, 等. 中国西部生态系统综合评估[M]. 北京:气象出版社,1996.

[16] 欧阳志云. 生态系统生产总值(GEP)核算方法研究与应用[R]. 北京:中国科学院生态环境研究中心, 2016.

[17] 本书编写组. 党的十八届三中全会《决定》学习辅导百问[M]. 北京:党建读物出版社,学习出版社, 2013.

[18] 中国政府网. 中共中央国务院关于加快推进生态文明建设的意见[EB/OL]. http://www. scio. gov. cn/ xwfbh/xwbfbh/yg/2/Document/1436286/1436286. htm, 2015-06-02.

[19] Polasky S, Tallis H, Reyers B. Setting the bar: Standards for ecosystem services[J]. Proceedings of the National Academy of Sciences of the United States of America, 2015, 112(24):7356.

[20] Crossman N D, Burkhard B, Nedkov S, et al. A blueprint for mapping and modelling ecosystem services [J]. Ecosystem Services, 2013, 4:4-14.

[21] Tansley A G. The use and abuse of vegetational concepts and terms[J]. Ecology, 1935,16:284-307.

[22] Lindeman R L. The trophic-dynamic aspect of ecology[J]. Ecology, 1942, 23:399-418.

[23] Odum E P. Fundamentals of Ecology, 1st edn[M]. Philadelphia: W. B. Saunders Company, 1953.

[24] Neel R B, Olson J S. Use of Analog Computers for Simulating the Movements of Isotopes in Ecological Systems[M]. Tennessee: Oak Ridge National Laboratory, 1962.

[25] Dyne G V. The Ecosystem Concept in Natural Resource Management[M]. New York: Academic Press, 1969.

[26] May R M. Stability and Complexity in Model Ecosystems[M]. Princeton: Princeton University Press, 1973.

[27] Shugart H H, O'Neill R V. Systems Ecology[M]. Stroudsburg, Pennsylvania: Dowden, Hutchinson & Ross,1979.

[28] McIntosh R P. The Background of Ecology: Concept and Theory[M]. Cambridge: Cambridge University Press, 1985.

[29] Jørgensen S E. Fundamentals of Ecological Modelling[M]. Amsterdam: Elsevier, 1988.

[30] Willis A J. The ecosystem: an evolving concept viewed historically[J]. Functional Ecology, 1997, 11 (2):268-271.

[31] Odum E P. The new ecology[J]. BioScience, 1964, 14:14-16.

[32] Odum E P. Energy flow in ecosystems: a historical review[J]. American Zoologist, 1968, 8:11-18.

[33] Patten B C. Systems ecology: a course sequence in mathematical ecology[J]. BioScience, 1966, 16: 593-598.

[34] Van Dyne G M. Ecosystems, Systems Ecology and Systems Ecologists[M]. Oak Ridge, Tennessee: Oak Ridge National Laboratory, 1966.

[35] Mauersberger P, Straskraba M. Two approaches to generalized ecosystem modelling: thermodynamic and cybernetic[J]. Ecological Modelling , 1987, 39:161-176.

[36] Jørgensen S E. Integration of Ecosystem Theories: A Pattern[M]. Dordrecht: Kluwer Academic, 1992.

[37] 黎燕琼,郑绍伟,龚固堂,等. 生物多样性研究进展[J].四川林业科技, 2011,32(4):12-19.

[38] Mace G M, Baillie J E M. The 2010 Biodiversity Indicators: Challenges for Science and Policy [J]. Conservation Biology, 2007, 21(6): 1406-1413.

[39] Kok M T J, Bakkes J A, Eickhout B, et al. Lessons From Global Environmental Assessments [R]. Bilthowen, the Netherlands: Netherlands Environmental Assessment Agency(PBL), 2008.

[40] Pereira H M, Leadley P W, Proença V, et al. Scenarios for global biodiversity in the 21st century[J]. Science, 2010, 330(6010):1496-1501.

[41] Butchart S H M, Walpole M, Collen B, et al. Global biodiversity: indicators of recent declines[J]. Science, 2010, 328(5982):1164-1168.

[42] UNEP. Global Environment Outlook 3[M]. Nairobi, Kenya: UNEP, 2002.

[43] United Nations. Ecosystems and Human Well-Being: Biodiversity Synthesis[M]. Washington DC, USA: World Resources Institute, 2005.

[44] CBD. Global Biodiversity Outlook 3[M]. Montreal, Canada: Secretariat of the Convention on Biological Diversity, 2010.

[45] UNEP. Global Environmental Outlook 4: Environment for Development[M]. Nairobi, Kenya: UNEP, 2007.

[46] European Commission. Our life insurance, our natural capital: an EU biodiversity strategy to 2020[M].

Brussels：European commission，2011.

[47] Essl F, Nehring S, Klingenstein F, et al. Review of risk assessment systems of IAS in Europe and introducing the German-Austrian Black List Information System (GABLIS)[J]. Journal for Nature Conservation, 2011, 19(6)：339-350.

[48] Hammar L, Wikström A, Molander S. Assessing ecological risks of offshore wind power on Kattegat cod [J]. Renewable Energy, 2014, 66(66):414-424.

[49] Flores-Serrano R M, Iturbe-Argüelles R, Pérez-Casimiro G, et al. Ecological risk assessment for small omnivorous mammals exposed to polycyclic aromatic hydrocarbons：A case study in northeastern Mexico [J]. Science of the Total Environment, 2014,476-477:218-227.

[50] Gilman E, Owens M, Kraft T. Ecological risk assessment of the Marshall Islands longline tuna fishery [J]. Marine Policy, 2014, 44(2):239-255.

[51] Bartolo R E, Dam R A V, Bayliss P. Regional ecological risk assessment for Australia's tropical rivers：application of the relative risk model[J]. Human & Ecological Risk Assessment An International Journal, 2012, 18(1):16-46.

[52] 吴大放,刘艳艳,刘毅华,等. 耕地生态安全评价研究展望[J]. 中国生态农业学报, 2015, 23(3):257-267.

[53] 吴莉,侯西勇,邸向红. 山东省沿海区域景观生态风险评价[J]. 生态学杂志, 2014, 33(1):214-220.

[54] NRC. Science and Judgment in Risk Assessment[M]. Washington, D. C.：National Academy Press, 1994.

[55] 傅伯杰. 我国生态系统研究的发展趋势与优先领域[J]. 地理研究,2010,29(3):383-396.

[56] 张锐. 耕地生态风险评价与调控研究[D]. 南京:南京农业大学, 2015.

[57] Moraes R, Molander S. A procedure for ecological tiered assessment of risks (PETAR)[J]. Human and Ecological Risk Assessment, 2004, 10:349-371.

[58] Landis W G. Regional Scale Ecological Risk Assessment：Using the Relative Risk Model[M]. Boca Raton：CRC Press, 2005.

[59] 吴健生,冯喆,高阳,等.基于 DLS 模型的城市土地政策生态效应研究[J]. 地理学报,2014,69, 9(11):1673-1682.

[60] 吴健生,乔娜,彭建,等. 露天矿区景观生态风险空间分异[J]. 生态学报, 2013, 33(12): 3816-3824.

[61] 姚解生,田静毅.生态安全研究进展与应用[J]. 中国环境管理干部学院学报, 2007, 17(2):47-50.

[62] 汪朝辉,田定湘,刘艳华. 中外生态安全评价对比研究[J]. 生态经济,2008(7):44-49.

[63] Petrosillo I, Müller F, Jones K B, et al. Use of Landscape Sciences for the Assessment of Environmental Security [M]. Dordrecht, the Netherlands：Springer, 2008, 497.

[64] 李纯乾,林素兰,柳金库.层次分析法在辽东山区坡耕地生态安全评价中的应用[J].辽宁农业科学, 2011(5):29-33.

[65] 陈宗铸,黄国宁.基于 PSR 模型与层次分析法的区域森林生态安全动态评价[J].热带林业,2010, 38(3):42-45.

[66] 高春泥,程金花,陈晓冰.基于灰色关联法的北京山区水土保持生态安全评价[J].自然灾害学报, 2016,25(2):69-77.

[67] 吴开亚.主成分投影法在区域生态安全评价中的应用[J].中国软科学,2003(9):123-126.

[68] 赵正. 北京城市生态安全的主成分投影评价研究[A]. 中国生态经济学学会、中国社会科学院农村发展研究所、中国社会科学院生态环境经济研究中心. "生态经济与新型城镇化"——中国生态经济学学会第九届会员代表大会暨生态经济与生态城市学术研讨会会议论文集[C]. 中国生态经济学学会、中国社会科学院农村发展研究所、中国社会科学院生态环境经济研究中心,2016,12.

[69] 李佩武,李贵才,张金花,等. 深圳城市生态安全评价与预测[J]. 地理科学进展, 2009, 28(2):245-252.

[70] 王晓愚,程艳,余琳,等. 新疆阿瓦提绿洲生态安全模糊综合评价[J]. 新疆环境保护,2013,35(3): 11-19.

[71] 江学顶,刘育,夏北成. 全球气候变化及其对生态系统的影响[J]. 中山大学学报论丛,2003(5): 258-260.

[72] Neftel A, Moo r E, Oeschger H, et al. Evidence from polar ice cores for the increase in atmospheric CO_2 in the past two centuries[J]. Nature, 1985, 315: 45-47.

[73] Prentice I C , Heimann M , Sitch S. The carbon balance of the terrestrial biosphere: Ecosystem models and atmospheric observations[J]. Ecological Applications, 2000, 10(6):1553-1573.

[74] Bradley K L, Pregitzer K S. Ecosystem assembly and terrestrial carb on balance under elevated CO_2[J]. Trends in Ecology and Evolution, 2007, 22(10):538-547.

[75] 高琼,喻梅,张新时,等. 中国东北样带对全球变化响应的动态模拟——一个遥感信息驱动的区域植被模型[J]. 植物学报, 1997, 39(9): 800-810.

[76] Seddon A W, Macias-Fauria M, Long P R, et al. Sensitivity of global terrestrial ecosystems to climate variability[J]. Nature, 2016, 531: 229-243.

[77] Smith T M, Halpin P N, H H Shugart H H, et al. Global forest[A]. Strzepek K M, Smith J B. As Climate Change: International Impacts and Implications[C]. Cambridge: Cambridge University Press, 1995:59-78.

[78] Smith T M, Leemans R, Shugart H H. Sensitivity of terrestrial carbon storage to CO_2-induced climate change: Comparison of four scenarios based on general circulation models[J]. Climatic Change, 1992, 21(4):367-384.

[79] Neilson R P. Vegetation redistribution: A possible biosphere source of CO_2 during climate change[J]. Water , Air and Soil Pollution, 1993, 70:659-673.

[80] Wisley B J. Plant responses to elevated atmospheric CO_2 among terrestrial biomes[J]. Oikos, 1996, 76(1):201-206.

[81] 刘国华,傅伯杰. 全球气候变化对森林生态系统的影响[J]. 自然资源学报,2001,16(1):71-78.

[82] 於琍,曹明奎,李克让. 全球气候变化背景下生态系统的脆弱性评价[J]. 地理科学进展, 2005, 24(1):61-69.

[83] Huxman T E , Smith S D. Photosynthesis in an invasive grass and native forb at elevated CO_2 during an El Niñ year in the Mojave desert[J]. Oecologia, 2001, 128:193-201.

[84] Ellsworth D S, Reich P B, Naumburg E S. Photosynthesis carboxylation and leaf nitrogen responses of 16 species top CO_2 across four free-air CO_2 enrichment experiments in forest, grassland, and desert[J]. Global Change Biology, 2004, 10: 2121-2138.

[85] 蒋高明,林光辉,Bruno D V Marino. 美国生物圈二号内生长在高 CO_2 浓度下的 10 种植物气孔导度、蒸腾速率及水分利用效率的变化[J]. 植物学报, 1997, 39(6): 546-553.

[86] Lawlor D W, Mitchell R A C. The effects of increasing CO_2 on crop photosynthesis and productivity: a review of field studies [J]. Plant, Cell and Environment, 1991, 14: 807-818.

[87] 陆阿飞. 气候变化对杂多县退化草地生产力的影响[J]. 黑龙江畜牧兽医,2017(15):160-162.

[88] 杨峰,李建龙,钱育蓉,等. CO₂ 浓度增加对草地生态系统及碳平衡的影响[J]. 中国草地学报,
　　　 2008,30(6):99-105.

[89] 赵义海,柴琦. 全球气候变化与草地生态系统[J]. 草业科学,2000,17(5):49-54.

[90] 王俊峰. 长江源区沼泽与高寒草甸生态系统变化及其碳平衡对全球气候变化的响应[D]. 兰州:兰
　　　 州大学,2008.

[91] Poiani K A, Johnson W C. Potential effects of climate change on a semi-permanent prairie wetland[J].
　　　 Climatic change, 1993, 24(3): 213-232.

[92] 陆阿飞. 气候变化对杂多具退化草地生产力的影响力[J]. 黑龙江畜牧兽医,2017(15):160-162.

[93] 刘夏. 气候变化对三江平原沼泽湿地 NPP 的影响研究[D]. 长春:中国科学院研究生院(东北地理
　　　 与农业生态研究所),2016.

[94] 高宇,刘鉴毅,张婷婷,等. 滨海河口湿地生态系统对全球气候变化的影响[J]. 环境与可持续发
　　　 展,2016,41(4):16-19.

[95] 肖国举, 张强, 王静. 全球气候变化对农业生态系统的影响研究进展[J]. 应用生态学报, 2007,
　　　 18(8):1877-1885.

[96] Nicholls R J, Wong P P, Burkett V, et al. Climate change and coastal vulnerability assessment: scenari-
　　　 os for integrated assessment[J]. Sustainability Science, 2008, 3(1):89-102.

[97] Xu J, Grumbine R E, Shrestha A, et al. The melting Himalayas: cascading effects of climate change on
　　　 water, biodiversity, and livelihoods[J]. Conservation Biology, 2009, 23(3):520-530.

[98] Feddema J J, Oleson K W, Bonan G B, et al. The importance of land-cover change in simulating future
　　　 climates[J]. Science, 310 (5754):1674-1678.

[99] Bala G , Caldeira K , Wickett M, et al. Combined climate and carbon-cycle effects of large scale
　　　 deforestation[J]. Proceedings of the National Academy of Sciences of the United States of America, 104
　　　 (16):6550-6555.

[100] Moore N, Arima E, Walker R, et al. Uncertainty and the changing hydroclimatology of the Amazon
　　　 [J]. Geophysical Research Letters, 2007, 34(34):150-173.

[101] Findell K L, Knutson T R, Milly P. Weak Simulated Extratropical Responses to Tropical Deforestation
　　　 [J]. Journal of Climate, 2005, 19(12):2835-2850.

[102] Govindasamy B, Duffy P B, Caldeira K. Land use changes and northern hemisphere cooling[J]. Geo-
　　　 physical Research Letters, 2001, 28(2):291-294.

[103] Connolly D. Evaluating the influence of different vegetation biomes on the global climate[J]. Climate
　　　 Dynamics, 2004, 23(3-4):279-302.

[104] Canadell J G. Land use effects on terrestrial carbon sources and sinks [J]. Science in China, 2002, 45
　　　 (S1):1-9.

[105] Ojima D S, Parton W J, Schimel D S, et al. Modeling the effects of climate and CO₂ change on grass-
　　　 land storage of soil[J]. Water, Air, and Soil Pollution, 1993, 70: 643-657.

[106] Sacks W J, Cook B I, Buenning N. Effects of global irrigation on the near-surface climate[J]. Climate
　　　 Dynamics, 2009, 33(2-3):159-175.

[107] Boucher O, Myhre G , Myhre A. Direct hum an influence of irrigation on atmospheric water vapour and
　　　 climate[J]. Climate Dynamics,22(6-7):597-603.

[108] Douglas E M, Beltrán-Przekurat A, Niyogi D, et al. The impact of agricultural intensification and irri-
　　　 gation on land-atmosphere interactions and Indian monsoon precipitation—A mesoscale modeling per-

spective[J]. Global & Planetary Change, 2009, 67(1-2):117-128.

[109] Lobell D B, Bonfils C. The Effect of Irrigation on Regional Temperatures: A Spatial and Temporal Analysis of Trends in California, 1934—2002[J]. Journal of Climate, 2008, 21(10):2063-2071.

[110] Kueppers L M, Snyder M A, Sloan L C, et al. Seasonal temperature responses to land-use change in the western United States[J]. Global and Planetary Change,2008. 60(3):250-264.

[111] Polasky S, Tallis H, Reyers B. Setting the bar: standards for ecosystem services[J]. Proceedings of the National Academy of Sciences of the United States of America,2015, 112(24):7356-7361.

[112] King R T. Wildlife and man[J]. New York conservationist, 1966, 20(6):8-11.

[113] Helliwell D R. Valuation of wildlife resources[J]. Regional Studies, 1969, 3:41-47.

[114] Ehrlich P R, Mooney H A. Extinction, substitution, and ecosystem services[J]. BioScience, 1983, 33:248-254.

[115] De Groot R S, Wilson M A, Boumans R M. A typology for the classification, description and valuation of ecosystem functions, goods and services[J]. Ecological Economics, 2002, 41:393-408.

[116] Kremen C. Managing ecosystem services: what do we need to know about their ecology: ecology of ecosystem services[J]. Ecology Letters, 2005, 8:468-479.

[117] Ehrlich P, Ehrlich A. Extinction: The Causes and Consequences of the Disappearance of Species[M]. New York: Random House, 1981.

[118] Costanza R, Daly H E. Natural Capital and Sustainable Development[J]. Conservation Biology, 2010, 6(1):37-46.

[119] Gómez-Baggethun E, de Groot R, Lomas P L, et al. The history of ecosystem services in economic theory and practice: from early notions to markets and payment schemes[J]. Ecological Economics, 2010, 69:1209-1218.

[120] De Groot R S, Alkemade R, Braat L, et al. Challenges in integrating the concept of ecosystem services and values in landscape planning, management and decision making[J]. Ecological Complexity, 2010, 7(3): 260-272.

[121] Daily, G C, Nature's Services: Societal Dependence on Natural Ecosystems[M]. Island Press, Washington, DC. 1997.

[122] United Nations. Millennium Ecosystem Assessment Synthesis Report[M]. Washington DC: Island Press, 2005.

[123] Boyd J, Banzhaf S. What are ecosystem services? [J]The need for standardized environmental accounting units[J]. Ecological Economics, 2007,63(2-3):616-626.

[124] Wallace K J. Classification of ecosystem services: problems and solutions [J]. Biological Conservation, 2007, 139(3-4):235-246.

[125] Costanza R, Groot R D, Sutton P, et al. Changes in the global value of ecosystem services[J]. Global Environmental Change, 2014, 26(1):152-158.

[126] ECNC. OPERATIONALISATION OF NATURAL CAPITAL AND ECOSYSTEM SERVICES[EB/OL]. http://www. openness-project. eu. , 2017-04-14/2017-12-04.

[127] Maes J, Liquete C, Teller A, et al. An indicator framework for assessing ecosystem services in support of the EU Biodiversity Strategy to 2020[J]. Ecosystem Services, 2016, 17:14-23.

[128] Comino E, Bottero M, Pomarico S, et al. Exploring the environmental value of ecosystem services for a river basin through a spatial multicriteria analysis[J]. Land Use Policy, 2014, 36(1):381-395.

[129] 欧阳志云，朱春全，杨广斌，等. 生态系统生产总值核算：概念、核算方法与案例研究[J]. 生态

学报，2013，33（21）：6747-6761.

[130] 谢高地，张彩霞，张昌顺，等. 中国生态系统服务的价值[J]. 资源科学，2015，37（9）：1740-1746.

[131] Fujii H, Sato M, Managi S. Decomposition Analysis of Forest Ecosystem Services Values[J]. Sustainability, 2017, 9(5):687.

[132] 赵同谦，欧阳志云，郑华，等. 中国森林生态系统服务功能及其价值评价[J]. 自然资源学报，2004，19(4):480-491.

[133] Seidl A F, Moraes A S. Global valuation of ecosystem services：application to the Pantanal da Nhecolandia, Brazil[J]. Ecological Economics, 2000, 33(1):1-6.

[134] 谢高地，鲁春霞，冷允法，等. 青藏高原生态资产的价值评估[J]. 自然资源学报，2003，18(2):189-196.

[135] Lal P. Coral reef use and management-the need, role and prospects of economic valuation in the Pacific [A]. Ahmed M, ed. Economic Valuation and Policy Priorities for Sustainable Management of Coral Reefs[C]. Penang：World Fish Center, 2004:59-78.

[136] 王丽荣，赵焕庭. 珊瑚礁生态系统服务及其价值评估[J]. 生态学杂志，2006，25(11):1384-1389.

[137] Larondelle N, Haase D. Urban ecosystem services assessment along a rural-urban gradient：A cross-analysis of European cities[J]. Ecological Indicators, 2013, 29:179-190.

[138] 宗跃光，陈红春，郭瑞华，等. 地域生态系统服务功能的价值结构分析——以宁夏灵武市为例[J]. 地理研究，2000，19(2):148-155.

[139] 黄博强，黄金良，李迅，等. 基于 GIS 和 InVEST 模型的海岸带生态系统服务价值时空动态变化分析——以龙海市为例[J]. 海洋环境科学，2015，34(6):916-924.

[140] Suttie J M, Reynolds S G, Batello C, et al. Grasslands of the world[M]. Rome：Food and Agriculture Organisation of the United Nations, 2005.

[141] 谢高地，张钇锂，鲁春霞，等. 中国自然草地生态系统服务价值[J]. 自然资源学报，2001，16(1):47-53.

[142] Pimentel D, Wilson C, Mccullum C, et al. Economic and Environmental Benefits of Biodiversity[J]. Bioscience, 1997, 47(11):747-757.

[143] Balvanera P, Pfisterer A B, Buchmann N, et al. Quantifying the evidence for biodiversity effects on ecosystem functioning and services[J]. Ecology Letters, 2006, 9(10):1146.

[144] 高雅，林慧龙. 草地生态系统服务价值估算前瞻[J]. 草业学报，2014，23(3):290-301.

[145] Farber S C, Costanza R, Wilson M A. Economic and ecological concepts for valuing ecosystem services [J]. Ecological Economics, 2002, 41:375-392.

[146] Zander K K, Straton A. An economic assessment of the value of tropical river ecosystem services：heterogeneous preferences among Aboriginal and non-Aboriginal Australians[J]. Ecological Economics, 2010, 69:2417-2426.

[147] Bowles S. Policies designed for self-interested citizens may undermine "the moral sentiments"：evidence from economic experiments[J]. Science, 2008,320: 1605-1609.

[148] Mitchell R C, Carson R T. Using surveys to value public goods：the contingent valuation method[M]. Washington, D. C：Resources for the Future,1998.

[149] 徐中民，张志强，程国栋，等. 额济纳旗生态系统恢复的总经济价值评估[J]. 地理学报，2002 (1):107-116.

[150] 任晓旭. 荒漠生态系统服务功能监测与评估方法学研究[D]. 北京:中国林业科学研究院,2012.

[151] 欧阳志云，王如松，赵景柱. 生态系统服务功能及其生态经济价值评价[J]. 应用生态学报, 1999, 10(5):635-640.

[152] Alexander D E, Fairbridge R W. Encyclopedia of environmental science[M]. Dordrecht: Springer, 1999.

[153] Kull C A, Sartre X A D, Castro-Larrañaga M. The political ecology of ecosystem services[J]. Geoforum, 2015, 61:122-134.

[154] Maes J, Teller A, Erhard M, et al. Mapping and Assessment of Ecosystems and their Services. Indicators for ecosystem assessments under Action 5 of the EU Biodiversity Strategy to 2020. 2nd Report-Final, February 2014[R]. Biodiversity Strategy to 2020. 2nd Report Final, 2014, 2014-2080.

[155] 胡新艳. 广州市流溪河流域白云区段生态系统服务价值的估算与分析[J]. 城市环境与城市生态, 2004, 17(6):11-13.

[156] 王欢，韩霜，邓红兵，等. 香溪河河流生态系统服务功能评价[J]. 生态学报, 2006, 26(9):2971-2978.

[157] Guswa A J, Brauman K A, Brown C, et al. Ecosystem services: Challenges and opportunities for hydrologic modeling to support decision making[J]. Water Resources Research, 2014, 50(5):4535-4544.

[158] Rebelo A J. An ecological and hydrological evaluation of the effects of restoration on ecosystem services in the Kromme River System, South Africa[J]. Stellenbosch Stellenbosch University, 2012.

[159] 皮红莉. 洞庭湖湿地生态系统服务功能价值评价及其恢复对策研究[D]. 长沙:湖南师范大学, 2004.

[160] 欧阳志云,赵同谦,王效科,等. 水生态服务功能分析及其间接价值评价[J]. 生态学报, 2004, 24(10): 2091-2099.

[161] 叶延琼,章家恩,陈丽丽,等. 广州市水生态系统服务价值[J]. 生态学杂志, 2013, 32(5):1303-1310.

[162] 杨文杰. 流域水生态系统服务价值评估研究——以黄山市新安江为例[A]. 中国环境科学学会. 中国环境科学学会 2017 科学与技术年会论文集(第一卷)[C]. 中国环境科学学会, 2017:11.

[163] Kosoy N, Martinez-Tuna M, Muradian R, et al. Payments for environmental services in watersheds: Insights from a comparative study of three cases in Central America[J]. Ecological Economics, 2007, 61:446-455.

[164] Martinez L M, Pe'rez-Maqueo O, Va'zquez G, et al. Effects of land use change on biodiversity and ecosystems services in tropical montane cloud forest of Mexico[J]. Forest Ecology and Management, 2009. 258:1856-1863.

[165] Corbera E, Kosoy N, Martınez Tuna M. Equity implications of marketing ecosystem services in protected areas and rural communities: case studies from MesoAmerica[J]. Global Environmental Change, 2007, 17: 365-380.

[166] Postle S L, Thompson B H. Watershed protection: capturing the benefits of nature's water supply services[J]. Natural Resources Forum, 2007, 29:98-108.

[167] Brauman K A, Daily G C, Duarte T K, et al. Thenature and value of ecosystem services: an overview highlighting hydrologic services[J]. Annual Review of Environment and Resources,2007, 32:67-98.

[168] Fu B J, Su C H, Wei Y P, et al. Double counting in ecosystem services valuation: causes and countermeasures[J]. Ecological Research, 2011, 26(1):1-14.

[169] Repetto R. Comment on environmental accounting[J]. Ecological Economics, 2007, 61(4):611- 612.

[170] Ashcroft P A. Extent of environmental disclosure of U. S. and Canadian firms by annual report location [J]. Advances in Accounting Incorporating Advances in International Accounting, 2012, 28(2):279-292.

[171] Dijk A V, Mount R, Gibbons P, et al. Environmental reporting and accounting in Australia: Progress, prospects and research priorities[J]. Science of the Total Environment, 2014, 473-474(3):338-349.

[172] Michael J J. Accounting for the environment: towards a theoretical perspective for environmental accounting and reporting[J]. Accounting Forum, 2010,34:123-138.

[173] 葛家澍, 李若山. 九十年代西方会计理论的一个新思潮——绿色会计理论[J]. 会计研究, 1992(5):1-6.

[174] 肖序. 论环境会计的理论结构[J]. 财经论丛(浙江财经学院学报),2002(4):58-63.

[175] 张劲松. 环境会计的国际国内比较研究[J].商业研究,2006(18):161-163.

[176] 杨世忠, 曹梅梅. 宏观环境会计核算体系框架构想[J]. 会计研究,2010(8):9-15.

[177] 杨晓敏, 韩廷春. 制度变迁、金融结构与经济增长——基于中国的实证研究[J].财经问题研究, 2006(6):70-81.

[178] 梁斌,何劲军.环境会计核算体系研究[J].财会通讯,2013(4):30-33.

[179] 刘丙军, 邵东国. 区域水资源承载能力资产负债分析方法[J]. 水科学进展, 2005, 16(2):250-254.

[180] 王金南, 蒋洪强, 等. 绿色国民经济核算[M]. 北京:中国环境科学出版社, 2009.

[181] 联合国, 欧盟委员会, 经济合作与发展组织等. 2008 国民账户体系[M]. 北京:中国统计出版社,2012.

[182] 张友棠, 刘帅, 卢楠. 自然资源资产负债表创建研究[J]. 财会通讯, 2014(10):6-9.

[183] 耿建新, 胡天雨, 刘祝君. 我国国家资产负债表与自然资源资产负债表的编制与运用初探——以 SNA2008 和 SEEA2012 为线索的分析[C]//中国会计学会环境会计专业委员会 2014 学术年会论文集, 2014.

[184] 黄溶冰. 生态文明视角下的自然资源资产负债表构建分析[C]//中国会计学会环境会计专业委员会 2014 学术年会论文集, 2014:234-241.

[185] 杨睿宁, 杨世忠. 论自然资源资产负债表的平衡关系[J]. 会计之友, 2015(16):8-10.

[186] 胡文龙, 史丹. 中国自然资源资产负债表框架体系研究:以 SEEA2012、SNA2008 和国家资产负债表为基础的一种思路[J]. 中国人口·资源与环境, 2015,25(8):1-9.

[187] 封志明, 杨艳昭, 陈玥. 国家资产负债表研究进展及其对自然资源资产负债表编制的启示[J]. 资源科学,2015,37(9):1685-1691.

[188] 肖序, 王玉, 周志方. 自然资源资产负债表编制框架研究[J]. 会计之友, 2015(19):21-29.

[189] 操建华,孙若梅. 自然资源资产负债表的编制框架研究[J]. 生态经济, 2015, 31(10):25-28.

[190] 高敏雪. 扩展的自然资源核算——以自然资源资产负债表为重点[J]. 统计研究, 2016,33(1):4-12.

[191] Water Accounting Standard Board. Australian Water Accounting Standard 1: Preparation and Presentation of General Purpose Water Accounting Reports[R]. Canberra:Australian Gorvernment Burean of Meteorology,2012.

[192] 甘泓, 汪林, 秦长海. 对水资源资产负债表的初步认识[J].中国水利,2014(14):1-7.

[193] 朱友干. 论我国水资源资产负债表编制的路径[J].财会月刊,2015(19):22-24.

[194] 陈燕丽,左春源,杨语晨.基于离任审计的水资源资产负债表构建研究[J].生态经济,2016,32(12):28-31,48.

[195] 柴雪蕊,黄晓荣,奚圆圆,等.浅析水资源资产负债表的编制[J].水资源与水工程学报,2016,27(4):44-49.

[196] 张友棠,刘帅.基于自然资源资产负债表的环境责任审计体系设计——以水资源为例[J].财政监督,2016(1):95-97.

[197] 贾玲,甘泓,汪林,等.水资源负债刍议[J].自然资源学报,2017,32(1):1-11.

[198] 周普,贾玲,甘泓.水权益实体实物型水资源会计核算框架研究[J].会计研究,2017(5):16-23,88.

[199] 秦长海,甘泓,汪林,等.实物型水资源资产负债表表式结构设计[J].自然资源学报,2017,32(11):1819-1831.

[200] 成小云,任咏川.IASB/FASB概念框架联合项目中的资产概念研究述评[J].会计研究,2010,(5):25-29.

[201] 葛家澍.关于财务会计几个基本概念的思考——兼论商誉与衍生金融工具确认与计量[J].财会通讯,2000(1):3-12.

[202] FASB. SFAC No. 6: Elements of Financial Statements[R]. December, 1985.

[203] IASC. Framework for the Preparation and Presentation of Financial Statements[R]. July, 1989.

[204] 财政部.企业会计准则[M].北京:经济科学出版社,2006.

[205] 陈国辉,孙志梅.资产定义的嬗变及本质探源[J].会计之友(下),2007(1):10-12.

[206] 王哲,赵邦宏,颜爱华.浅论资产的定义[J].河北农业大学学报(农林教育版),2002(1):42-43.

[207] 唐树伶,张启福.经济学[M].大连:东北财经大学出版社,2016.

[208] 葛家澍.资产概念的本质、定义与特征[J].经济学动态,2005(5):8-12.

[209] 潘铖.无形资产的理论分析与界定[D].北京:对外经济贸易大学,2003.

[210] 中国资产评估协会.国际评估准则2017[M].北京:经济科学出版社,2017.

[211] 杜金富.国民经济核算基本原理与应用[M].北京:中国金融出版社,2015.

[212] 李涛,张晓宇,张晓晓.资产评估学科性质研究[J].商业会计,2015(15):83-85.

[213] 吴琼,戴武堂.管理学[M].武汉:武汉大学出版社,2016.

[214] Mike Smith.管理学原理[M].2版.刘杰,徐峰,代锐,译.北京:清华大学出版社,2015.

[215] Encyclopedia Britannica. Natural resources[DB/OL]. https://www.britannica.com/science/natural-resource, 2017-11-6.

[216] Oxford Dictionaries. Natural resources-definition of natural resources in English[DB/OL]. https://en.oxforddictionaries.com/definition/us/natural_resources, 2016-12-12.

[217] John C Bergstrom, Alan Randall.资源经济学自然资源与环境政策的经济分析[M].北京:中国人民大学出版社,2015.

[218] 张军连,李宪文.生态资产估价方法研究进展[J].中国土地科学,2003,17(3):52-55.

[219] Ojea E, Martin-Ortega J, Chiabai A. Defining and classifying ecosystem services for economic valuation: The case of forest water services[J]. Environmental Science and Policy, 2012, 19-20(5):1-15.

[220] 刘思华.对可持续发展经济的理论思考[J].经济研究,1997(3):46-54.

[221] 黄兴文,陈百明.中国生态资产区划的理论与应用[J].生态学报,1999,19(5):602-606.

[222] 王健民,王如松.中国生态资产概论[M].南京:江苏科学技术出版社,2002.

[223] 陈百明,黄兴文.中国生态资产评估与区划研究[J].中国农业资源与区划,2003,24(6):20-24.

[224] 潘耀忠,史培军,朱文泉,等.中国陆地生态系统遥感定量测量[J].中国科学:D辑,2004,34

(4):375-384.

[225] 张军连, 李宪文. 生态资产估价方法研究进展[J]. 中国土地科学, 2003,17(3): 52-55.

[226] 胡聃. 从生产资产到生态资产-资产-资本完备性[J]. 地球科学进展,2004,19(2):289-296.

[227] 高吉喜,范小杉.生态资产概念、特点与研究趋向[J].环境科学研究,2007,20(5):137-143.

[228] 严立冬,谭波,刘加林.生态资本化:生态资源的价值实现[J].中南财经政法大学学报,2009(2): 3-8,142.

[229] Groot R S. De Wilson M A, Boumans R M J. A typology for the classification, description and valuation of ecosystem functions, goods and services[J]. Ecological Economics, 2002,41:1-20.

[230] Grizzetti B, Lanzanova D, Liquete C, et al. Assessing water ecosystem services for water resource management[J]. Environmental Science & Policy, 2016, 61:194-203.

[231] 张诚,严登华,郝彩莲,等.水的生态服务功能研究进展及关键支撑技术[J].水科学进展,2011, 22(1):126-134.

[232] 赵同谦,欧阳志云,王效科,等.中国陆地地表水生态系统服务功能及其生态经济价值评价[J].自然资源学报,2003,18(4):443-452.

[233] United Nations. Ecosystemandhumanwell-being: Wetlands and water[M]. Washingtan DC:Island Press, 2005.

[234] Hein L, Koppen K V, Groot R S D, et al. Spatial scales, stakeholders and the valuation of ecosystem services[J]. Ecological Economics, 2006, 57(2):209-228.

[235] 赵敏莉.关于负债理论的探析及其定义的修正[J].会计之友(下旬刊),2006(5):16-17.

[236] Dickinson Frank Greene, Franzy Eakin. A Balance Sheet of the Nation's Economy[M]. University of Illinois,1936.

[237] 耿建新, 王晓琪. 自然资源资产负债表下土地账户编制探索——基于领导干部离任审计的角度 [J]. 审计研究, 2014(5):20-25.

[238] 耿建新,唐洁珑. 负债、环境负债与自然资源资产负债[J].审计研究,2016(6):3-12.

[239] 李春瑜.编制自然资源负债表的几点思考[N].中国财经报,2014-07-03(7).

[240] 王姝娥,程文琪.自然资源资产负债表探讨[J].现代工业经济和信息化,2014(9):15-17.

[241] 肖序,王玉,周志方.自然资源资产负债表编制框架研究[J].会计之友,2015(19):21-29.

[242] 王泽霞,江乾坤.自然资源资产负债表编制的国际经验与区域策略研究[J].商业会计,2014 (17): 6-10.

[243] 魏玲玲. 自然资源资产负债表中的负债问题研究[D].北京:首都经济贸易大学,2017.

[244] 李扬, 张晓晶, 常欣, 等. 中国国家资产负债表2013——理论、方法与风险评估[M].北京:中国社会科学出版社, 2013.

[245] United Nations. Historic Versions of the System of National Accounts[EB/OL]. https://unstats.un. org/unsd/nationalaccount/hsna. asp,2017-11-04.

[246] 杨仲山. SNA 的历史:历次版本和修订过程[J]. 财经问题研究, 2018(12):111-117.

[247] 阮健弘. 国民经济核算体系国际研究动态[J]. 经济研究参考, 1992(z4):1164-1167.

[248] Wikipedia. Net international investment position[EB/OL]. https://en. wikipedia. org/wiki/Net_interna -tional_investment_position, 2017-11-04.

[249] 管友桥, 王峰. 会计学基础[M]. 海口:南海出版公司, 2009.

[250] 何丹. 浅谈复式记账与单式记账的不同[J].市场周刊(管理探索),2005(3):66-67.

[251] 王福胜. 会计学基础[M]. 2 版. 北京:机械工业出版社, 2011.

[252] 财政部. 政府会计准则——基本准则[M]. 上海:立信会计出版社,2015.

［253］United Nations, European Commission, Food and AgricultureOrganization, et al. System of Environ-mental-Economic Accounting 2012: Central Framework. https://unstats.un.org/, 2012.

［254］李金昌.要重视森林资源价值的计量和应用［J］.林业资源管理,1999(5):43-46.

［255］徐中民,张志强,陈东景.环境经济账户的研究综述［J］.地球科学进展,2003,18(2):263-269.

［256］Matthew A W, Richard B H. Discourse-based valuation of ecosystem services: establishing fair out-comes through group deliberation［J］. Ecological Ecomonics,2002,41:431-443.

［257］王丽勉,胡永红,秦俊,等.上海地区 151 种绿化植物固碳释氧能力的研究［J］.华中农业大学学报,2007, 26(3):399-401.

［258］张娜,张巍,陈玮,等.大连市 6 种园林树种的光合固碳释氧特性［J］.生态学杂志,2015,34(10):2742-2748.

［259］朱燕青.常见灌木固碳释氧及降温增湿效应研究［D］.长沙:中南林业科技大学,2013.

［260］熊向艳,韩永伟,高馨婷,等.北京市城乡结合部 17 种常用绿化植物固碳释氧功能研究［J］.环境工程技术学报,2014,4(3):248-255.

［261］谢红霞,任志远,李锐.陕北黄土高原土地利用/土地覆被变化中植被固碳释氧功能价值变化［J］.生态学杂志,2007,26(3):319-322.

［262］徐玮玮,李晓储,汪成忠,等.扬州古运河风光带绿地树种固碳释氧效应初步研究［J］.浙江林学院学报, 2007, 24(5): 575-580.

［263］黄成林,傅松玲,梁淑云,等.5 种攀援植物光合作用与光因子关系的初步研究［J］.应用生态学报, 2004, 15(7):1131-1134.

［264］董飞,刘晓波,彭文启,等.地表水水环境容量计算方法回顾与展望［J］.水科学进展,2014,25(3):451-463.

［265］周孝德,郭瑾珑,程文,等.水环境容量计算方法研究［J］.西安理工大学学报,1999,15(3):1-6.

［266］任志远,李晶.秦巴山区植被固定 CO_2 释放 O_2 生态价值测评［J］.地理研究,2004,23(6):769-775.

［267］刘敏超,李迪强,温琰茂.三江源区植被固定 CO_2 释放 O_2 功能评价［J］.生态环境,2006,15(3):594-597.

［268］孟祥江,侯元兆.森林生态系统服务价值核算理论与评估方法研究进展［J］.世界林业研究,2010,23(6):8-12.

［269］刘宪锋,任志远,林志慧.青藏高原生态系统固碳释氧价值动态测评［J］.地理研究,2013,32(4):663-670.

［270］谯万智.峨眉山风景区森林植被固碳释氧功能及其价值评估［J］.四川林勘设计,2010(1):34-37.

［271］U. S. Geological Survey. Global change and climat history: magnitude and significance of carbon burial in lakes, reservoirs, and northern peatlands［EB/OL］. https://pubs.usgs.gov/fs/fs-0058-99/, 2018-01-15.